A Field Guide to the Orthoptera of Japan

バッタ・コオロギ・キリギリス生態図鑑

日本直翅類学会 監修
村井貴史
伊藤ふくお 著

北海道大学出版会

はじめに

　バッタ・コオロギ・キリギリスのなかま(直翅目)は，まことに魅力的な昆虫です。多様で興味深い生態と形態をもち，比較的大型で観察しやすい身近な生き物であり，鳴く虫としても古くから日本人に親しまれてきました。

　ところが，日本の直翅目の分類学的研究は最近まで十分ではなく，身近な普通種でさえ名前を調べることが難しい状況がながらく続いていました。しかし，日本直翅類学会が総力を結集して 2006 年に『バッタ・コオロギ・キリギリス大図鑑』(以下，『大図鑑』)を刊行し，その研究や普及の基礎をつくることができました。大図鑑は各方面で好評をいただきましたが，高価な大型本となったため，初心者が気軽に購入して利用できるものではありませんでした。また，図版は標本写真を中心としており，直翅目の生態については十分には盛り込めませんでした。

　バッタ・コオロギ・キリギリスの美しくてかっこいい生きた姿を，興味深い生態を，すみかとなる日本の多様な環境を，もっと紹介したい，本書はそんな思いでつくりました。さらに，標本写真や手描きの図もたくさん入れて名前を調べるのにも便利なように工夫しました。日本で初めての本格的な直翅目の生態図鑑として，使いやすい手軽な図鑑として，初心者から専門家まで幅広く活用していただけるものと自負しています。

　今，日本の自然と生き物は，大きな勢いで望ましくない方向へ変化しています。生き物たちがいつまで日本ですみつづけられるか，心許ないほどです。多くの方々が自然や生き物に関心をもつことが保全への大きなエネルギーになると信じています。本書により，日本のバッタ・コオロギ・キリギリスについて一人でも多くの方に知っていただき，そしてそのことが，このすばらしい生き物を守ることにつながることを願っています。

　本書を刊行するにあたり，多くの方々にお世話になりました。とりわけ，市川顕彦，加納康嗣，河合正人，冨永　修をはじめとする日本直翅類学会の諸氏には本書の監修の労をとっていただき，矢代　学氏からも貴重なご意見や情報をいただきました。本書は『バッタ・コオロギ・キリギリス大図鑑』に多くの基礎を置いていますが，その著者と関係者にも深く敬意を表します。著者 2 名で撮影できなかった生態写真は，石川　均，海野和男，尾園　暁，加納康嗣，河合正人，木野田君公，草刈広一，田辺秀男，辻本

始，永幡嘉之，中原直子，根来　尚，村松　稔，村山　望，渡邊宇一，匿名の方一名の諸氏にご提供いただきました。前田一郎，中原直子の諸氏にはイラストをご提供いただきました。市川顕彦氏にはコフムの一部を執筆いただきました。清水将太，冨永　修，中浜直之，西川　勝，村田　行，盛口　満の諸氏には「直翅目の仲間たち」の採集をしていただきました。付録の鳴き声のCD制作にあたっては，松浦　肇氏にはたいへんお世話になり，小川次郎，橋本和幸の諸氏にも音源をご提供いただきました。取材にあたり，市川顕彦，大阪市立自然史博物館，橿原市昆虫館，草刈広一，古山　暁，杉本雅志，花岡皆子，別府隆守，三宅規子の諸氏にご協力いただきました。最後に，北海道大学出版会の成田和男氏には本書の出版を引き受けて下さり，多大なご苦労をおかけしました。皆様に深く感謝いたします。

　2011年4月15日

村井貴史・伊藤ふくお

この本の特徴と使い方

　本書は日本に生息する直翅目の昆虫を対象とし，その生態や分類を紹介する図鑑である。多数の生態写真，標本写真，形態図，景観写真を使って，見て楽しく，フィールドでも役に立つよう構成した。

　「バッタ・コオロギ・キリギリスのすむ環境」では，景観写真を用いてさまざまな生息環境を概説した。大きく「森林」「草原」「限られた特殊な環境」に分け，それぞれのタイトルバーを色分けした。

　「生態」のページでは生活史や鳴く仕組みを概説し，「冬越し」のページでは成虫や幼虫で越冬する生態を特集して紹介した。

　「本編」では，各種を科ごとに分けて分類順に紹介した。分類体系は『バッタ・コオロギ・キリギリス大図鑑』に準拠したが，『大図鑑』刊行後に発見された種や分類学的変更をとりいれて，最新の情報になるようつとめた。各種の生態写真を主体に和名，学名，科名，種の特徴，生態写真撮影データを簡潔に解説した。撮影者名は著者によるものは省略し，著者以外の方から提供いただいた場合に明記した（匿名の方は除く）。タイトルバーの色を環境の３区分に合わせて，その生息環境をわかりやすくした。生態写真を掲載できなかった種は，近縁種の解説中で紹介した。見分けが難しいグループでは，同定に必要な部分図や部分写真を掲載した。部分図は外部から観察できる形態に限り，内部生殖器など解剖が必要な部分図は割愛した。各科の冒頭では，代表種の全形図と標本写真を用いて，科の特徴と体の名称を解説した。各科の末尾には，生態写真の有無にかかわらず全種の標本写真を掲載した。研究が十分ではない一部の種はコラムで紹介した。2011年１月現在で知られる日本産直翅目の全種が何らかの形で紹介されている。ただし，一般に立ち入りができない地域にしか見られない種，過去に記録があるが疑わしいものや現在は生息を確認できない種は本編からは除外し，巻末に一覧で示した。本書は，本文を村井，撮影を村井と伊藤，作図を村井，レイアウトを伊藤が主に分担した。

タイトルバーの色

亜高山の針葉樹林(シラビソ，コメツガなど) 　　　　　　　　　森林

ブナ帯の落葉樹(ブナ，ミズナラなど)　照葉樹林(シイ，アカガシなど)　照葉樹林帯の二次林(アカマツ，コナラなど)　亜熱帯の照葉樹林(シイ，イジュなど)　亜熱帯低地林(ハスノハギリ，ガジュマル，リュウキュウマツなど)　マングローブ林(オヒルギ，ヤエヤマヒルギなど)

高山帯のお花畑 　　　　　　　　　　　　　　　　　　　　　　　草地

湿原　草はら　耕作地(田畑など)　都市の草地　河原　砂浜

アリの巣 　　　　　　　　　　　　　　　　　　　　　限られた特殊な環境

洞穴　家屋内　岩や礫の海岸

生態　産卵，卵，孵化

産卵，卵，幼虫，脱皮，羽化，交尾，鳴く仕組みを紹介。

冬越し　クビキリギス

成虫で越冬する種を，越冬環境とともに紹介。

科の和名

科の学名

科の解説文

● クロギリス科 Anostostomatidae

大型で体は黒くてつやがあり，翅は鱗片状に退化している。日本では近年になって発見されたグループで，屋久島および琉球から3種が知られる。亜熱帯の原生林の林床にすみ，昼間は朽木や樹洞にひそみ，夜間活動する。鳴かないが，後肢でタッピングする。

全形図と体の名称

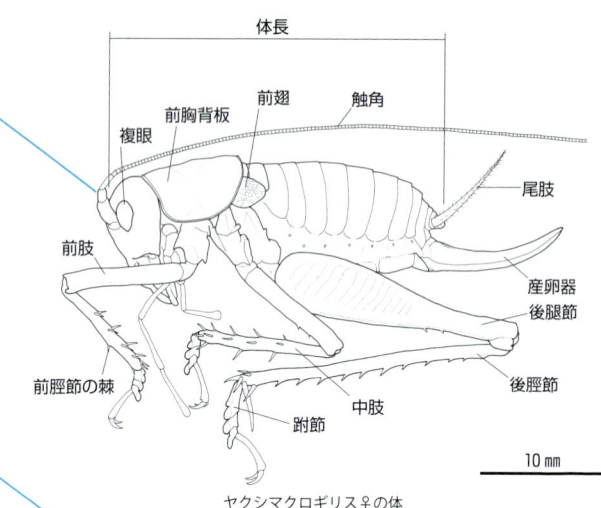

体長
複眼　前胸背板　前翅　触角
尾肢
前肢
産卵器
後腿節
前脛節の棘
後脛節
跗節　中肢

10 mm

ヤクシマクロギリス♀の体

代表種の標本写真

ヤクシマクロギリス♂　　ヤンバルクロギリス♀　　ヤンバルクロギリス♂

38

【科の解説ページ】

6

種の和名(日本で使われている名前)
種の学名(世界で使われているラテン語の名前)
科の和名

ヤンバルクロギリス　*Paterdecolyus yanbarensis*　●クロギリス科

種のタイトルバーの色で生息環境(森林・草地・限られた特殊な環境)を示す

生態写真

体は最も大型で前翅は小さい。前肢脛節の背面に棘がない。体長♂ 32 〜 39 mm，♀ 35 〜 38 mm。山地のイタジイ原生林内にすみ，樹洞に入る。9月中旬〜 11月に成虫。沖縄島北部に分布する。/ 上(♂)・下左(♂)・下右(♀)：沖縄島 2009 年 10 月

種の解説

生態写真キャプション

【各種の解説ページ】

もくじ

はじめに ……………………………… 2
この本の特徴と使い方 ……………… 4

バッタ・コオロギ・キリギリスの
　すむ環境 ………………………… 10
亜高山の針葉樹林(シラビソ, コ
メツガなど) 森林① / ブナ帯の
落葉樹林(ブナ, ミズナラなど)
森林② / 照葉樹林(シイ, アカガ
シなど) 森林③ / 照葉樹林帯の
二次林(アカマツ, コナラなど)
森林④ / 亜熱帯の照葉樹林(シ
イ, イジュなど) 森林⑤ / 亜熱
帯の低地林(ハスノハギリ, ガ
ジュマル, リュウキュウマツな
ど) 森林⑥ / マングローブ林(オ
ヒルギ, ヤエヤマヒルギなど)
森林⑦ / 高山帯のお花畑　草地
① / 湿原　草地② / 草はら　草
地③ / 耕作地(田畑など)　草地
④ / 都市の草地　草地⑤ / 河原
草地⑥ / 砂浜　草地⑦ / アリの
巣　限られた特殊な環境① / 洞
穴　限られた特殊な環境② / 家
屋内　限られた特殊な環境③ /
岩や礫の海岸　限られた特殊な
環境④
生態 ………………………………… 29
生態① 産卵, 卵, 孵化 / 生態
② 幼虫, 脱皮 / 生態③ 羽化,
誘惑, 交尾, 鳴く仕組み / 冬越

し① クビキリギス / 冬越し②
シブイロカヤキリ / 冬越し③
ツチイナゴ / 冬越し④ コロギ
ス / 冬越し⑤ トゲヒシバッタ,
ハネナガヒシバッタ
クロギリス科 ……………………… 38
コロギス科 ………………………… 42
カマドウマ科 ……………………… 50
キリギリス科 ……………………… 87
ササキリモドキ科 ……………… 140
クツワムシ科 …………………… 192
ヒラタツユムシ科 ……………… 195
ツユムシ科 ……………………… 199
コオロギ科 ……………………… 227
マツムシ科 ……………………… 260
ヒバリモドキ科 ………………… 279
カネタタキ科 …………………… 299
アリツカコオロギ科 …………… 307
ケラ科 …………………………… 311
ノミバッタ科 …………………… 313
ヒシバッタ科 …………………… 319
オンブバッタ科 ………………… 344
バッタ科 ………………………… 348
本書で掲載しなかった種 ……… 433
参考図書 ………………………… 436
和名索引 ………………………… 437
学名索引 ………………………… 444

標本写真・尾端図など
　カマドウマ科の後脛節　78／クロギリス科　79／コロギス科　79／カマドウマ科　80／クロギリス・コロギス・カマドウマの顔コレクション　86／キリギリス科(キリギリス亜科)　132／ヒメギス類の尾端図　135／キリギリス科(ヒサゴクサキリ亜科)　135／キリギリス科(クサキリ亜科)　136／キリギリス科(ササキリ亜科)　137／ササキリ亜科♂の尾端図　137／ササキリ亜科♀の産卵器　138／キリギリス科(ウマオイ亜科)　138／ウマオイ3種♂の発音器　138／キリギリス科の顔コレクション　139／ササキリモドキ科の顔コレクション　144／長翅ササキリモドキ類♂の尾端図　151／短翅ササキリモドキ類♂の尾端　186／ササキリモドキ科　187／ツユムシ科　223／ツユムシ科の尾端図　225／コオロギ科の顔コレクション　256／コオロギ科　258／マツムシ科　278／ヒバリモドキ科　296／カネタタキ科　298／アリツカコオロギ科　310／ノミバッタ科　318／ヒシバッタ類の側面図　341／ヒシバッタ科　342／オンブバッタ科　347／オンブバッタ属3種の頭部の特徴　347／フキバッタ亜科各種の尾端図　382／バッタ科　424／バッタ科の顔コレクション　429

囲み記事
　難しいヤブキリの分類　90／ササキリモドキの驚異　169／バッタ標本の撮影法　190／懐中電灯遍歴　191／そっくり！　197／色彩多型　198／ツマグロツユムシの1種　203／あったら便利な撮影アイテムとバッタ撮影法　226／ノミバッタのコロニー　318／コバネバッタと素木得一　355／フキバッタの種分化　373／イナゴののどちんこ　378／小笠原諸島の自然とマボロシオオバッタ　396

直翅目の仲間たち………………430

バッタ・コオロギ・キリギリスのすむ環境

日本列島は南北に長く，複雑な地形をもち，きわめて多様な自然環境が見られる。バッタ・コオロギ・キリギリス(直翅目)はそのようなさまざまな環境に適応して繁栄してきた。すべての自然環境を明瞭に区分することはできないし，直翅目も特定の環境に限定して生息するとは限らないが，ここでは，日本の直翅目の生息環境を「森林」と「草地」，それ以外の「限られた特殊な環境」に大きく分け，代表的なものを紹介する。

イラスト：前田一郎

高山の針葉樹林（シラビソ，コメツガなど）

森林①

森林限界よりも少し標高の低い地域に見られるシラビソやコメツガなどの常緑の針葉樹林。林内はうっそうとして暗く，直翅目の少ない環境だが，ヒラタクチキウマ類はこの樹林に特有で，立ち枯れの樹皮下にひそんでいる。/ 長野県八ヶ岳

ブナ帯の落葉樹林(ブナ, ミズナラなど) 森林

北日本の低山や南日本のやや高い山では、ブナやミズナラなどの落葉性の広葉樹林が広がる。植物の種類が多く、比較的明るいこの林は、多数の昆虫のすみかとなっている。ホソクビツユムシ、セモンササキリモドキ類、キタササキリモドキなど。／奈良県大台ヶ原

葉樹林（シイ，アカガシなど）　　　　　　　　　　　　　　　　　　　　　　　　　　　森林③

西日本の平地から低山地にかけて，照葉樹とよばれるシイやカシ類などの常緑の広葉樹林が広がっていたが，古くから人間により切り開かれて，原生に近い照葉樹林は社寺林などごくわずかになっている。クチキコオロギ，ヒメスズ，マツムシモドキなど。/奈良県川上村

照葉樹林帯の二次林（アカマツ，コナラなど）

照葉樹林が人によって切り開かれると，アカマツやコナラなどの落葉樹からなる二次林になることが多く，里山として人間がよく利用してきた。明るい二次林は，原生のうっそうとした照葉樹林よりも，むしろ多くの直翅目がすむ。サトクダマキモドキ，モリオカメコオロギ，モリヒシバッタなど。／上：奈良県宇陀市，下：大阪府能勢町

亜熱帯の照葉樹林（シイ，イジュなど） 森林⑤

南西諸島の山地では，西日本の照葉樹林に似たシイなどの林が見られる。そこにすむ直翅目も西日本の照葉樹林のものと似ているが，ヤンバルクロギリス，ヒラタヒシバッタ類，モリバッタ類など，その地域の固有種が多い貴重な森林である。/沖縄島やんばる

亜熱帯の低地林（ハスノハギリ，ガジュマル，リュウキュウマツなど）

南西諸島の低地や海岸沿いの林には，山地林よりも亜熱帯性の植物が多く，直翅目も南方系の種が多くすんでいる。タイワンクツワムシ，マダラコオロギ，コバネコロギスなど，山地林よりも広域性の種が多い傾向がある。／上・左下：西表島祖納

ングローブ林(オヒルギ, ヤエヤマヒルギなど)　　　　　　　　　　　　　　　　　　　　森林⑦

亜熱帯や熱帯の海岸干潟で, ヒルギ類などの海水に強い樹木からなる特殊な林。日本では大規模なものは奄美大島以南の南西諸島に見られる。満潮時に林床が海水に満たされ, 干潮時に干上がる。昆虫の生息には厳しい環境だが, 特有の種が生息する。マングローブスズ, ヒルギササキリモドキ, ヒルギカネタタキなど。／西表島大原

高山帯のお花畑

草地

北海道や本州の高山帯は寒冷のため，森林が成立せずに高山植物の草原が見られる。厳しい環境だが，短い夏の間だけは昆虫も多い。直翅目は成虫期が晩夏から秋になる傾向がある。クモマヒナバッタやミヤマヒナバッタなどの高山性ヒナバッタ類，ダイセツタカネフキバッタやハヤチネフキバッタなど。／長野県木曽駒ヶ岳

草地②

湿潤環境のため森林が成立しない草原。寒冷地域の高層湿原，温帯の池沼や森林周辺の小規模湿地，亜熱帯の低湿地，海岸の汽水域の低湿地などさまざまなタイプがあり，それぞれに独特の直翅目が生息する。エゾスズ，キンヒバリ，カスミササキリ，イズササキリなど。／上：長野県霧ヶ峰，下：宮城県岩沼市

草はら

高温多湿な日本では森林が発達しやすく，自然の草原は河川敷や火山地帯，石灰岩地帯などに限られるが，人が森林を切り開いたことにより，二次的に生じた草地は各地に多い。草原は直翅目が最も豊富に生息する環境で，スズムシ，マツムシ，カンタンなど「鳴く虫」として著名な種の多くがすむ。また，ショウリョウバッタ，セグロイナゴ，クルマバッタなどのバッタ類も多い。/ 福岡県平尾台

耕作地（田畑など） 草地④

畑や水田などの耕作地は，人間がつくり出した草地の環境である。農薬などの影響もあるが，作物や雑草類は直翅目の食物としても好適なものが多く，豊富な直翅目が生息する。一部の種は害虫とされる。エンマコオロギ，コバネイナゴなど。／上：奈良県明日香村，右下：兵庫県猪名川町

都市の草地

都市公園や庭先の芝生地など，人工的につくった草地では，昆虫はあまり多くはいないが，よく探すとツヅレサセコオロギ，シバスズ，マダラスズ，オンブバッタなどが見つかる。／上：愛媛県新居浜市，右下：大阪府淀川

草地⑥

大きな河川の中流域では、植物が少なく転石の多い河原が発達する。開発の影響を受けやすく、自然度の高い河原の環境は少なくなっている。カワラスズ、カワラバッタ、ヒゲナガヒナバッタなど、特有の種が生息する。山間の鉄道の敷石は河原の環境と似ているためか、カワラスズが多数生息することがある。／徳島県海部川

砂浜　　　　　　　　　　　　　　　　　　　　　　　　　　　　　　　　　　　　　　草地

海岸の砂浜は植物の少ない自然の砂地で，特有の直翅目が生息する。開発の影響を受けやすく，自然度の高い砂浜は非常に少なくなった。ハマスズ，ヤマトマダラバッタなど。ハマスズは細かい砂地のある河原があれば内陸でも見られることがある。／京都府久美浜町（現 京丹後市）

リの巣　　　　　　　　　　　　　　　　　　　　　　　　　　　　限られた特殊な環境①

アリの巣の中にはアリと共生や居候する好蟻性昆虫がさまざまなグループで知られている。直翅目ではアリツカコオロギ類がこれに相当する。その生態は未知の部分が多い。
奈良県上牧町

洞穴　　　　　　　　　　　　　　　　　　　　　　　　　　　　限られた特殊な環境

鍾乳洞などの洞穴には特有の昆虫群集が知られる。直翅目ではイシカワカマドウマなどのカマドウマ類の一部が洞穴性である。坑道などの人工洞にも生息することがある。林床性のカマドウマ類でも昼間は洞穴に入り込むものがある。／上：福岡県平尾台，右下：愛知県豊橋市

屋内　　　　　　　　　　　　　　　　　　　　　限られた特殊な環境③

直翅目では屋内性のものは少ない。クラズミウマやカマドコオロギなどは人家周辺を好む傾向がある。イエコオロギなどペットの餌として飼われるものもある。／奈良県宇陀市

岩や礫の海岸

限られた特殊な環境

海岸の岩場や礫浜では海水の影響を強く受け，昆虫は多くはないが，ナギサスズ類やハマコオロギが生息する。ナギサスズ類はテトラポッドの護岸や港の岸壁などの人工的な環境にもすむことがある。／上：和歌山県白浜町，下左：沖縄県東村，下右：淡路島

態① 産卵, 卵, 孵化

卵 産卵場所は種によって違う。例えば，キリギリスの仲間やコオロギの仲間は，長い産卵管を土に差し込んで，土中に産みつける。トノサマバッタなどバッタは，尾端にある産卵器を使って土に穴を掘り，カマキリのように卵鞘をつくり，卵をまとめて産みつける。また，樹皮下やそのすきま，枝，草本の茎や葉鞘に産みつける種も多い。

ニシキリギリス産卵(土中)　　エンマコオロギ産卵(土中)　　トノサマバッタ産卵(土中)

ニシキリギリス卵　　エンマコオロギ卵　　トノサマバッタ卵

ハヤシウマ産卵(土中) 　　ヒメクダマキモドキ卵(樹皮下) 　　コロギス産卵(樹皮下)

アオマツムシ産卵(樹木組織内) 　　ショウリョウバッタ孵化後1齢幼虫体長約5 mm

29

生態② 幼虫，脱皮

幼虫 幼虫の形態は，親の形態をそのまま縮小したものもあるが，ツユムシの仲間には似ても似つかない種もある。

アシグロツユムシ若齢幼虫　　　　　　　ミツカドコオロギ若齢幼虫

キアシヒバリモドキ中齢幼虫　　ヤマクダマキモドキ終齢幼虫　　トノサマバッタ中齢幼虫

脱皮・羽化 脱皮や羽化は，チョウやセミのように足場を固めて下垂するものも多いが，コオロギの仲間などは，地上にいる形で抜け出してくる。

脱皮には，草などにつかまって抜け出し，下垂して脚が固まるまで待つタイプと，コオロギの仲間のように通常の姿勢のまま抜け出してくるタイプの2つに分かれる。
脱皮した後，ほとんどの個体が脱皮殻を食べてしまうが，中にはそのままにして移動してしまうタイプもいる。
左：ニシキリギリスの3齢幼虫から4齢幼虫への脱皮（下垂状態）。右：脱皮殻を食べる。

ツチイナゴの羽化連続シーン。最後の脱皮を羽化（うか）とよぶ。翅ができ，交尾が可能となる。

態③ 羽化，誘惑，交尾，鳴く仕組み

左：マダラカマドウマ♂羽化
右：オオオカメコオロギ♂羽化（渡邊宇一）

♂の誘惑腺をなめるヒロバネカンタン♀

トノサマバッタの交尾。上♂下♀

翅を立てて発音するアオマツムシ♂

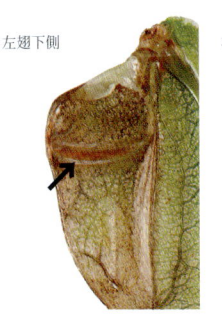

左翅下側　　　　右翅上側

発音とその仕組み（例・クツワムシ）

♂の左前翅の下側にある翅脈が変化しヤスリ状の凸凹が並んだ部分と，右翅上側にある翅脈が太く硬く変化した部分とを，こすり合わせて発音している。
矢印は，ヤスリと発音器。

冬越し① 　クビキリギス

- クビキリギスやツチイナゴは，本州では成虫で冬越しをすることがよく知られている。多くは，ススキなどイネ科の株に潜り込んで冬をやり過ごしているが，そのようなイネ科の株がないところでは，枯れ草の間や，常緑広葉樹の葉が重なって体が隠せるようなところで冬越しする姿を観察できる。
- コロギスは幼虫で冬を越すが，生息地の落葉した葉を自身で糸を吐き，つづって丸めた中で冬を越す。
- ヒシバッタの仲間は，幼虫での冬越しが多い中，トゲヒシバッタやハネナガヒシバッタは，成虫で冬を越す。こちらは，クビキリギスなどと違い，湿地環境の生息場所で，小石や植物の根方でじっとしていることが多く，真冬でも刺激すれば動く。幼虫で冬を越すヒシバッタやノミバッタの仲間も，地表で冬を越すようだ。

何年か刈り取られたことのない根際の直径約 30 cm のススキの株で，ツチイナゴ（左）とクビキリギス（右）が冬越ししていた。クビキリギスは下向きに，ツチイナゴは上向きにススキの茎につかまっているのは，顔の形に関係あるのだろうか。／奈良県五條市 1999 年 1 月

上：奈良県斑鳩町1992年1月ススキの株内，上右：和歌山県有田川町1994年2月ホソイの株内，下：奈良県田原本町1998年1月ツバキの枝先の重なった葉の間

冬越し②　シブイロカヤキリ

上：奈良県橿原市 1992 年 2 月枯れたイタドリの茎内，下：京都府八幡市 1996 年 2 月サクラの幹の樹洞内

越し③ ツチイナゴ

上：奈良県斑鳩町大和川 1999 年 2 月ススキの株内，中左：奈良県奈良市近畿大学構内 2005 年 2 月メリケンカルガヤの株内，中右：大阪府交野市私市植物園 2010 年 1 月グミの葉の重なり，下左：奈良県橿原市 1988 年 1 月地表，下右：奈良県生駒市 1987 年 12 月林縁落葉中

冬越し④　コロギス

上：三重県上野市(現 伊賀市)1992年2月雑木林林床落葉をつづって，下：奈良県田原本町村屋神社2010年1月イチイガシの葉をつづって

越し⑤ トゲヒシバッタ，ハネナガヒシバッタ

上：トゲヒシバッタ。大阪府堺市大泉緑地 2008 年 3 月葭原地表．下：ハネナガヒシバッタ。奈良県広陵町馬見丘陵公園 2010 年 1 月池の縁落葉中

●クロギリス科 Anostostomatidae

大型で体は黒くてつやがあり，翅は鱗片状に退化している。日本では近年になって発見されたグループで，屋久島および琉球から3種が知られる。亜熱帯の原生林の林床にすみ，昼間は朽木や樹洞にひそみ，夜間活動する。鳴かないが，後肢でタッピングする。

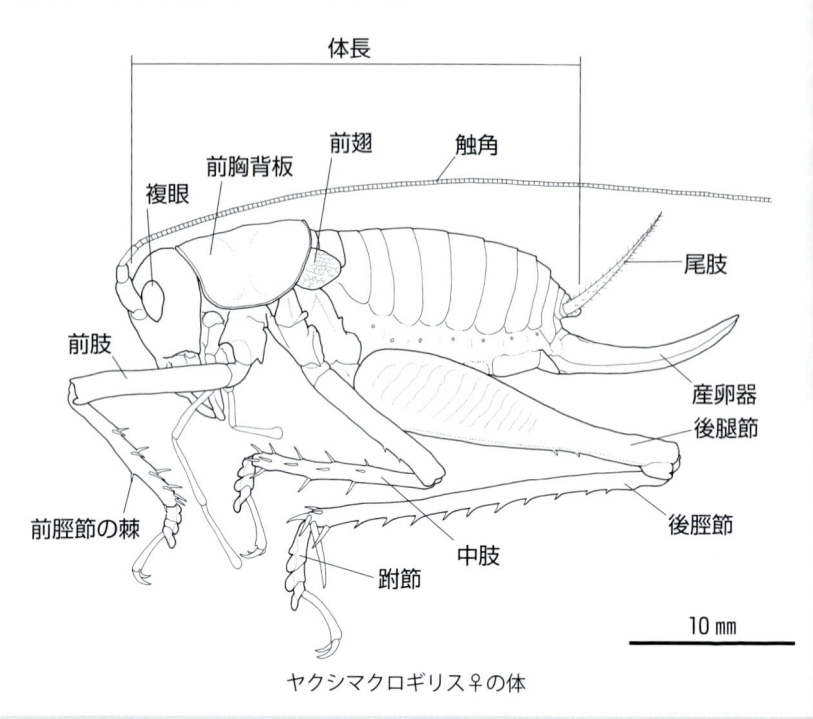

ヤクシマクロギリス♀の体

ヤクシマクロギリス♂　　ヤンバルクロギリス♀　　ヤンバルクロギリス♂

ンバルクロギリス *Paterdecolyus yanbarensis* ●クロギリス科

体は最も大型で前翅は小さい。前肢脛節の背面に棘がない。体長♂32〜39mm,♀35〜38mm。山地のイタジイ原生林内にすみ,樹洞に入る。9月中旬〜11月に成虫。沖縄島北部に分布する。／上(♂)・下左(♂)・下右(♀)：沖縄島 2009年10月

ヤエヤマクロギリス　　*Paterdecolyus murayamai*　　●クロギリス

前翅はやや大きい。前肢脛節の背面に棘がない。体長♂ 28〜33 mm，♀ 29〜35 mm。イタジイなどの照葉樹林内にすみ，樹洞に入る。8月末〜11月に成虫。石垣島，西表島に分布する。／上(♂)：西表島 1989年8月，下(♀)：石垣島 2008年10月

ヤクシマクロギリス　*Paterdecolyus genetrix*　　　●クロギリス科

前肢脛節の中央付近の背面に棘がある点で他種と異なる。体長♂31 mm，♀27～29 mm。ヤクスギ林や照葉樹林内にすむ。9月に成虫。屋久島に分布する。/ 上(♂)：屋久島 2005 年 9 月，下(♀)：屋久島 2009 年 10 月

41

●コロギス科 Gryllacrididae

中～大型。翅はよく発達するものと退化するものがあるが，翅に発音器はない。日本には10種の記録がある。森林の樹上にすみ，夜間活動して他の昆虫などを捕食する。口から糸を吐いて，葉をつづって巣をつくる。

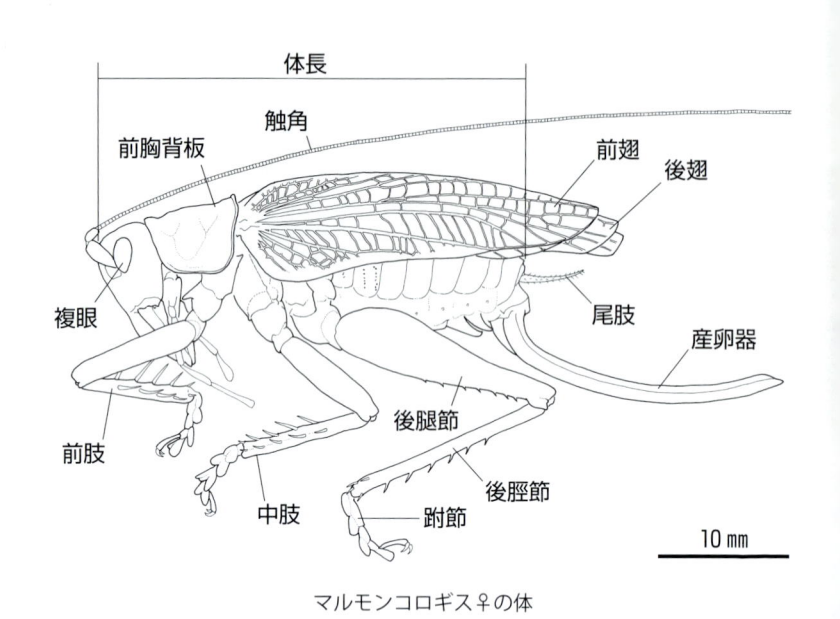

マルモンコロギス♀の体

コロギス♀

ヒノマルコロギス♀

ハネナシコロギス♂

コロギス *Prosopogryllacris japonica* ●コロギス科

体は緑色で，褐色の翅が発達する。額にはほぼ同じ大きさの3つの丸い白紋がある。体長約 30 mm。広葉樹林内にすむ。幼虫で越冬し，夏に成虫。本州，四国，九州に分布する。/ 上(♂):大分県久住町(現 竹田市)2008年9月，右中(威嚇する♂):奈良県大塔村(現 五條市)2002年7月，下(♀):奈良県川上村 2008年7月

マルモンコロギス　*Prosopogryllacris okadai*

体は黄色で，長翅。額に丸い紋がある。♂♀とも体長約 30 mm。照葉樹林の樹上にすむ。6月下旬～7月に成虫。屋久島，トカラ列島，奄美大島，加計呂麻島に分布する。／上(♂)・下左(巣をつくる♂)：奄美大島 2008 年 6 月，下右(♀)：屋久島 2009 年 10 月

ニノマルコロギス　*Prosopogryllacris rotundimacula*　　●コロギス科

体は飴色で，各肢の一部が緑色。長翅。額に丸い紋がある。♂♀とも体長約 40 mm。照葉樹林の樹上にすむ。5～7 月に成虫。石垣島，西表島に分布する。ニセヒノマルコロギス *P. gigas* はよく似るが，体は黄色で，額にやや小さめの丸い紋がある。体長約 40 mm。沖縄島，久米島に分布する。／上(♂)・下左(♀)：石垣島 2006 年 5 月，下右(♀)：西表島 2010 年 6 月

コバネコロギス *Metriogryllacris magnus* ●コロギス

体は赤みを帯び，腹節に黒いバンドが入って縞模様になることが多いが，色彩変異が大きい。ごく小さい翅がある。体長♂12〜24 mm，♀16〜28 mm。照葉樹林の樹上にすむ。南西諸島では普通。本州では夏〜秋に成虫，南西諸島では周年成虫。本州・四国・九州の温暖な地域〜南西諸島にかけて分布する。／上(♂)：久米島2009年6月，下左(♀)：久米島2006年11月，下右(幼虫)：西表島2008年10月

46

タテスジコバネコロギス　*Metriogryllacris fasciatus*　●コロギス科

♀の腹部第8腹板の突起が直立して長く発達することでコバネコロギスから区別される。前胸背板の中央に縦の黒帯がある。♂は未知。体長♀約25 mm。最近記載された種で，対馬，八丈島，トカラ列島から知られるが，分布や生態はあまりよく分かっていない。／上(♀)・下(♀)：八丈島 2010年7月

オガサワラコバネコロギス *Neanias ogasawarensis* ●コロギン

コバネコロギスに似るが，前翅がやや長く，その後に後翅が見えている。産卵器はやや長い。体長♂約22 mm，♀約28 mm。くわしい生態は不明。1月，8月に採集例がある。小笠原諸島に分布する。/(♀)：小笠原諸島兄島 2008年2月(尾園 暁)

ハネナシコロギス *Nippancistroger testaceus* ●コロギス科

体は黄褐色で，体側に黒い帯があることが多いが，色彩変異が大きい。翅は全くない。体長♂13〜16mm，♀15〜18mm。腹部と後肢をこすり合わせて発音する。落葉樹林や照葉樹林の樹上に普通。本州では幼虫越冬で，夏に成虫。北海道から南西諸島まで広く分布する。オオハネナシコロギス *N. izuensis* はよく似るが，やや大型で，後肢脛節の大きな棘の形が異なることにより区別される。伊豆半島と伊豆諸島に分布する。
上(♂)：奈良県宇陀市 2007年11月，下(♀)：奄美大島 2008年6月

49

●カマドウマ科 Rhaphidophoridae

翅が全くなく，体は猫背で，触角は長く，後肢はよく発達するものが多い。林床や洞穴などにすみ，夜行性。鳴かないが，タッピングをする種が知られる。南日本〜南西諸島にかけて種類が多いが，亜高山性のグループもある。近年多くの新種が記録されているが，研究が十分ではないものもあり，まだかなりの未知の種がいるようだ。

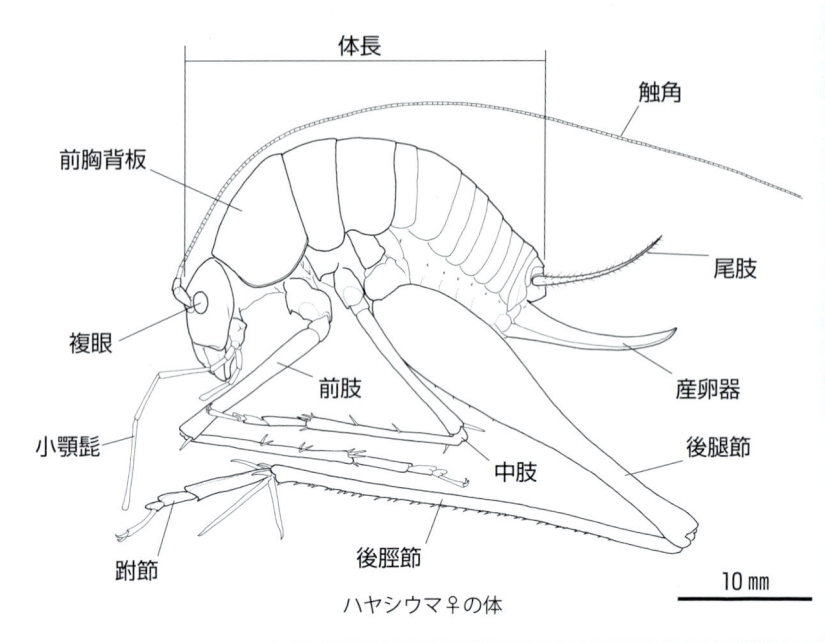

ハヤシウマ♀の体

ハヤシウマ♂　　カマドウマ♀　　チビクチキウマ♂

ングリウマ   *Rhaphidophora taiwana* ●カマドウマ科

肢は短く，体はずんぐりしている。体長♂ 30 mm，♀ 28 mm。常緑広葉樹の原生林の林床にすみ，タッピングをする。6〜7月，12月に成虫。南西諸島に分布する。/ 上(♂)：石垣島 2010年6月，下(♀)：西表島 2008年10月

マダラカマドウマ　*Diestrammena japanica*　　●カマドウマ

大型だが，体長には変異がある。体には複雑な黒斑がある。林床にすみ，昼間は樹洞や洞穴などに入って集団になることが多い。普通種。夏〜秋に成虫。北海道，本州，四国，九州に分布する。／左(♀)：奈良県橿原市 1998 年 7 月, 右上(♂)：奈良県若草山 2008 年 7 月, 右下(幼虫の群れ)：対馬 2007 年 9 月

ナツママダラカマドウマ *Diestrammena inexpectata*　　●カマドウマ科

マダラカマドウマに似るがやや小型で，♀の産卵器が長く，♂の交尾器も異なる。頬にV字紋がある。体長約29 mm。林床や洞穴にすむ。九州南部に分布する。／上(♂)・下(♀)：鹿児島県大隅半島 2010年9月

アマミマダラカマドウマ　*Diestrammena gigas*　　カマドウマ

マダラカマドウマに似るが，より大型で胸部の斑紋がやや不鮮明。体長♂ 23〜37 mm，♀ 31〜36 mm。林床にすむ。夏〜秋に成虫。奄美大島，徳之島に分布する。

上(♂)：奄美大島 2008 年 6 月，中右(幼虫)：奄美大島 2007 年 10 月，下(♀)：奄美大島 2007 年 10 月

ヤママダラウマ　*Diestrammena iriomotensis*　　🟡カマドウマ科

マダラカマドウマに似るが，体の斑紋は不鮮明。体長♂約34mm，♀約46mm。林床や洞穴にすむ。秋に成虫。石垣島，西表島に分布する。／上(♂)・下(♀の羽化)：西表島 2008年10月

55

モリズミウマ　*Diestrammena tsushimensis*　　カマドウマ

前胸には強い光沢がある点で一見コノシタウマに似ているが，後肢脛節の背面に並ぶ棘はすべてほぼ同じ大きさであることが区別点。体長♂19〜23 mm，♀約21 mm。山地の林床に普通。夏〜秋に成虫。北海道，本州，四国（愛媛県高縄半島，高知県），九州，瀬戸内海西部の諸島，対馬に分布する。／上(♂)：淡路島2004年9月，下(♀)奈良県上北山村2008年8月

ハヤシウマ *Diestrammena itodo* 🟡 カマドウマ科

体にはつやがなく、斑紋は個体変異が大きい。後脛節背面の棘は 35 〜 40 本。中型のカマドウマで、体長♂ 13 〜 19 mm、♀ 16 〜 21 mm。林床にすみ、近畿地方の低山地では普通。夏〜秋に成虫。本州、四国、九州に分布する。ヒメハヤシウマ *D. davidi* はハヤシウマによく似るが、後脛節背面の棘は 40 〜 50 本。前胸背板にわずかな光沢がある。本州（中国地方西部）、四国、九州、屋久島、種子島に分布する。/ 上(♂)・下左(♀)：大阪府能勢町 2007 年 9 月、下右(産卵する♀)：兵庫県猪名川町 2008 年 9 月

ヤクハヤシウマ *Diestrammena yakumontana* ●カマドウマ

ハヤシウマに似るが，♂の交尾器が異なる。体長♂23 mm，♀24 mm。ヤクスギ林などの山地の林床にすむ。屋久島，種子島に分布する。／上(♂)・下左(精包をつけている♀)：屋久島 2005 年 9 月，下右(♀)：屋久島 2009 年 10 月

ゴリアテカマドウマ *Diestrammena goliath* ●カマドウマ科

大型で体には不鮮明なまだら模様がある。♀の産卵器は後脛節の半分より長い。体長♂ 32 mm，♀ 35 mm。林床にすむ。夏〜秋に成虫。四国，淡路島，小豆島に分布する。トサハヤシウマ *D. taniusagi* はよく似るが，より大きい。高知県宿毛市沖ノ島に分布する。/ 上(♂)・下左(♀)・下右(♀)：愛媛県久万高原町 2008 年 8 月

オオハヤシウマ　*Diestrammena nicolai*　　カマドウマ

きわめて大型。成虫の体には斑紋はほとんどないが，幼虫にはまだら模様がある。体長 ♂ 40 mm，♀ 42 mm。山地のシイ林の林床にすむ。秋に成虫。石垣島，西表島に分布する。タラマハヤシウマ *D. taramensis* はやや小さく，多良間島に分布する。ヨナグニハヤシウマ *D. hisanorum* はうすいまだら模様があり，与那国島に分布する。/(♂)：石垣島 2008年10月

1ノシタウマ　*Diestrammena elegantissima*　　●カマドウマ科

胸部には強い光沢があり，一見モリズミウマに似ている。後脛節の背面の棘列は，4〜5本の短い棘列と1本の長い棘の繰り返しのパターンとなるのが特徴。体長♂19〜26 mm，♀19〜30 mm。冷涼な落葉広葉樹林の林床にすむ。普通種。夏〜秋に成虫。北海道，本州，四国，九州，佐渡島に分布する。/上(♂)：静岡県掛川市 2009年8月，下左(♀)：静岡県伊豆半島 2009年8月，下右(♀)：静岡県静岡市 2009年8月

フトカマドウマ　*Diestrammena robusta*　　●カマドウマ

コノシタウマに似るが，より大型で，胸部のつやは鈍い。後脛節の棘のパターンはコノシタウマと同様。体長 21 〜 32 mm。林床性で，洞穴にも入る。夏〜秋に成虫。本州（兵庫県以西），四国，九州に分布する。/ 上(♂)：愛媛県久万高原町 2008 年 8 月，下(♀)：鹿児島県大隅半島 2010 年 9 月

ノラズミウマ　*Diestrammena asynamora*　●カマドウマ科

体にまだら模様があり，一見マダラカマドウマに似るが，より小型で，後脛節の棘はコノシタウマのようなパターン。体長15〜17mm。人家周辺にすむ。成虫期はまだわかっていないが，夏〜秋に多い。本州，四国，九州に分布する。/上(♂)：兵庫県川西市2007年10月，下(♀)：兵庫県川西市2009年11月

カマドウマ *Atachycines apicalis apicalis*

体はうすい茶色で，めだった斑紋がない。中型。体長♂18〜22 mm，♀12〜23 mm。洞穴や人家周辺にすむ。成虫は夏〜秋に多い。北海道，本州，四国，九州，隠岐に分布。メシマカマドウマ（男女群島女島），アマギカマドウマ（伊豆半島）など近似の個体群があるが，十分な研究はなされていない。／上(♂)：和歌山県和歌山市 2006 年 10 月，下(♀)：淡路島 2004 年 9 月

メカマドウマ *Atachycines apicalis gusouma*　　●カマドウマ科

カマドウマの亜種。オスの交尾器が異なる。体長 11 〜 23 mm。林床や洞穴にすむ。奄美大島, 徳之島, 沖縄島, 浜比嘉島, 久米島に分布する。カマドウマの亜種として他に, ヤクカマドウマ *A. a. yakushimensis*（屋久島）, エラブカマドウマ *A. a. panauruensis*（沖永良部島, 与論島）, アグニカマドウマ *A. a. nabbieae*（粟国島）が知られる。／上（♀）・下左（♀）・下右（♀）：久米島 2006 年 11 月

ヒメキマダラウマ　*Neotachycines furukawai*　　　●カマドウマ

キマダラウマに似るが, より小型で, ♂の交尾器に擬腹板がない。体長 10 〜 16 mm。湿った林床や洞穴にすむ。夏〜秋に成虫。本州中・南部, 四国に分布する。／上(♂)：愛媛県久万高原町 2008 年 8 月, 下(♀)：淡路島 2007 年 9 月

キマダラウマ　*Neotachycines fascipes*　●カマドウマ科

体は黒褐色で黄色のまだら模様がある。小型で体はやわらかい。♂の交尾器に擬腹板がある。体長 15 〜 20 mm。林床や洞穴にすむ。夏〜秋に成虫。四国（愛媛県，高知県），九州に分布する。近縁種にアソキマダラウマ *N. asoensis*（九州）が知られ，♂の交尾器などで区別される。キマダラウマ類の分類は難しく，未知種が存在する可能性も高い。

上左(♂)・上右(♂)・下(♀)：鹿児島県肝付町 2009 年 8 月

クマドリキマダラウマ　*Neotachycines minorui*　●カマドウマ

他のキマダラウマ類よりやや大型で、♂の交尾器が異なる。体長 12 〜 16 mm。林床にすむ。8 月に成虫。種子島，屋久島に分布する。/ 左(♂)・右(♀)：屋久島 2005 年 9 月

イブシキマダラウマ　*Neotachycines obscurus obscurus*　●カマドウマ

他のキマダラウマ類とは♂の交尾器が異なる。体長 10 〜 16 mm。林床にすみ，昼間は岩のすきまなどにかくれている。奄美大島，徳之島，沖縄島に分布する。ケラマキマダラウマ *N. o. keramensis* は渡嘉敷島，座間味島から知られる別亜種。他の近縁種にウスイロキマダラウマ *N. pallidus*（宮古島，伊良部島），ボカシキマダラウマ *N. mira*（石垣島，西表島）が知られる。/ 左(♂)・右(♀)：沖縄島 2008 年 4 月

オキナワコマダラウマ *Neotachycines kobayashii* ●カマドウマ科

黄褐色に細かい黒斑のまだら模様をもつ。肢はやや太短く，比較的頑丈。体長 9 〜 17 mm。林床にすむ。沖縄島，久米島に分布する。モザイクコマダラウマ *N. mosaic* は西表島に分布し，オキナワコマダラウマやアトモンコマダラウマに似るが，♂の交尾器などで区別される。／上(♀)：久米島 2003 年 7 月，下左(幼虫)・下右(幼虫)：沖縄島 2009 年 10 月

アトモンコマダラウマ *Neotachycines bimaculatus* ●カマドウマ

オキナワコマダラウマよりも前胸背板が高く盛り上がる。腹部側面に1対の大きな黒斑がある。体長9〜12 mm。森林にすむ。奄美大島，徳之島に分布する。/(♀)：奄美大島 2010年10月

ヒナアメイロウマ *Neotachycines kanoi* ●カマドウマ

小型のカマドウマで，肢は細長く弱々しい。体にはめだった斑紋がなく，橙色味がつよい。体長8〜11 mm。屋久島に分布する。アメイロウマの仲間は南西諸島に近似種が多くあり，洞穴にすむ種が多い。ムネツヤアメイロウマ *N. politus politus*（奄美大島，徳之島，喜界島），トカラアメイロウマ *N. p. tominagai*（トカラ列島宝島），ハスオビアメイロウマ *N. obliquofasciatus*（伊平屋島，沖縄島，浜比嘉島），アケボノアメイロウマ *N. elegantipes*（西表島），ムモンアメイロウマ *N. inadai*（石垣島），ヨナグニアメイロウマ *N. unicolor*（与那国島）がある。/(♂)：屋久島 2005年9月

ｽﾘｰカマドウマ　*Paratachycines ussuriensis*　　🟡カマドウマ科

小型で弱々しい。体は黒褐色〜淡褐色で，めだった斑紋はない。胸部に光沢がある。体長 12 〜 14 mm。林床にすむ。夏〜初秋に成虫。対馬，壱岐に分布する。/(♂)：対馬 2006 年 7 月

イセカマドウマ *Paratachycines isensis* カマドウマ

小型で体は黒褐色。体長 12 mm。洞穴にすむ。岐阜県，三重県，滋賀県に分布する。近似種が多く，森林性または洞穴性で，真洞穴性の種も含む。分類は不十分で，未知の種が存在する可能性が高い。クロイシカワカマドウマ *P. saitamaensis*（埼玉県），コガタカマドウマ *P. masaakii*（本州，四国，九州），サドカマドウマ *P. sadoensis*（佐渡島），マメカマドウマ *P. parvus*（本州，四国），カミタカラカマドウマ *P. maximus*（岐阜県），ツクバカマドウマ *P. tsukubaensis*（茨城県）が知られている。／上(♂)・下(♀)：三重県いなべ市(篠立の風穴)2008年8月

ウカイカマドウマ *Paratachycines* sp. 　　カマドウマ科

小型で弱々しい。体は淡色。愛知県，静岡県の洞穴から最近発見された。未記載と思われ，今後の研究が待たれる。/ 上(♂)・下(♀)：愛知県豊橋市(蛇穴)2008年8月

サツマカマドウマ　Paratachycines satsumensis

体は濃褐色で光沢がなく，肢は細長い。ウスリーカマドウマやイセカマドウマの仲間（ウスリーカマドウマ亜属）に似るが，前・中脛節先端下面の2棘の間に小さい棘がある。体長9～13mm。洞穴にすむ。九州（熊本県，鹿児島県）に分布する。近似種にイシカワカマドウマ P. ishikawai（高知県），キュウシュウカマドウマ P. kyushuensis（九州），アカゴウマ P. ogawai（愛媛県，高知県）があり，♂の交尾器や肢の棘などで区別される。
/ 上(♂)・下(♀)：鹿児島県霧島市 2010年9月

ビクチキウマ　*Anoplophilus minor*　　　🟡 カマドウマ科

他のクチキウマ類からは♀の産卵器の形態で区別される。体長♂ 11〜16 mm，♀ 11〜20 mm。森林にすみ，朽木，立ち枯れの樹皮下や樹上にいる。6月下旬〜11月に成虫。本州（中部〜近畿），九州に分布する。クチキウマ類はカマドウマ類に比べると体は円筒形に近くて猫背にならず，足は短い。黒褐色のことが多いが，背中に白い大理石模様をもつことがある。主にブナ帯の森林にすみ，多くの種に分化しており，主に♀の産卵器で見分けられるが，分類は不十分。クチキウマ *A. acuticercus*（本州中部），アマギクチキウマ *A. amagisanus*（伊豆半島），チュウブクチキウマ *A. utsugidakensis*（長野県，静岡県，富山県），ミカワクチキウマ *A. okadai*（愛知県），イシヅチクチキウマ *A. ohbayashii*（愛媛県，高知県），エサキクチキウマ *A. esakii*（福岡県，長崎県），オオクチキウマ *A. major*（本州中部），ヒョウノセンクチキウマ *A. hyonosenensis*（中国地方），シコククチキウマ *A. shikokuensis*（愛媛県，高知県），シコクチビクチキウマ *A. wakuiae*（高知県），トサクチキウマ *A. tosaensis*（高知県），アカガネクチキウマ *A. befui*（高知県），ツルギクチキウマ *A. tsurugisanus*（四国），ハクサンクチキウマ *A. hakusanus*（岐阜県），オタリクチキウマ *A. otariensis*（長野県），ギフクチキウマ *A. hasegawai*（富山県，岐阜県）が知られている。／上（♂）：奈良県宇陀市 2007年5月，下（♀）：奈良県宇陀市 2008年5月

キンキクチキウマ　*Anoplophilus tominagai*　●カマドウマ

他のクチキウマ類によく似るが，♀の産卵器の形態で区別される。体長♀18〜22 mm。生態も他のクチキウマ類と同様と思われる。本州（近畿），四国（徳島県）に分布する。／上(♂)・下(♀)：奈良県大台ヶ原 2009年9月

ヒラタクチキウマ *Alpinanoplophilus longicercus* ●カマドウマ科

♂の前胸背板は平圧されてくぼみ、♂の尾肢は長く発達し、強く上に曲がる。体長♂12〜17 mm、♀13〜17 mm。亜高山帯の針葉樹林にすみ、立ち枯れの樹皮下にいる。本州中部に分布する。近似種が多く、主に♂の尾肢や♀の産卵器の形態などで分類される。エゾヒラタクチキウマ *A. yezoensis*（北海道利尻島）、ツヤヒラタクチキウマ *A. parvus*（北海道中部）、クチキウマモドキ *A. azumayamanus*（東北）、マツモトヒラタクチキウマ *A. matsumotoi*（北海道利尻島）、トウホクヒラタクチキウマ *A. tohokuensis*（北海道南部、東北）、ニッコウヒラタクチキウマ *A. gracilicercus*（栃木県）、ヒダカヒラタクチキウマ *A.yasudai*（北海道）が知られている。／上(♂)・下(♀)：長野県上村(現 飯田市)2006年8月

ドウナンヒラタクチキウマ　*Alpinanoplophilus yoteizanus*　●カマドウマ

体は黄褐色〜茶褐色。♂の尾肢はゆるやかに内側へ曲がる。体長♂ 15 〜 17 mm，♀ 12 〜 17 mm。北海道(札幌低地帯〜黒松内低地帯)に分布する。
(♂)：北海道札幌市 2004 年 9 月(田辺秀男)

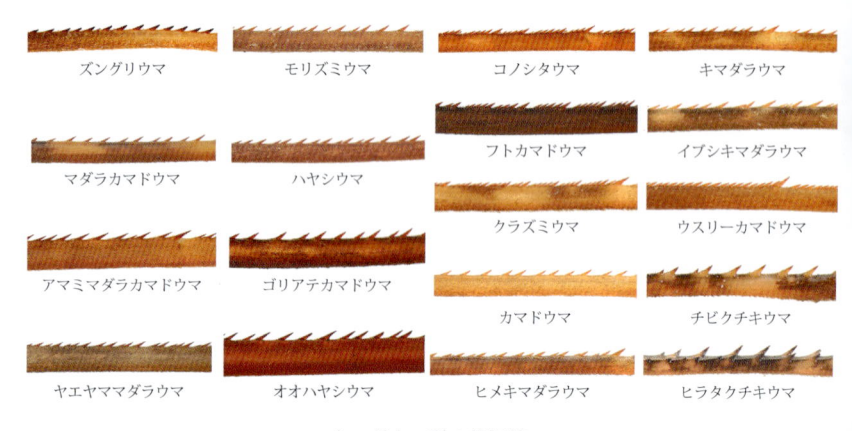

ズングリウマ	モリズミウマ	コノシタウマ	キマダラウマ
マダラカマドウマ	ハヤシウマ	フトカマドウマ	イブシキマダラウマ
		クラズミウマ	ウスリーカマドウマ
アマミマダラカマドウマ	ゴリアテカマドウマ	カマドウマ	チビクチキウマ
ヤエヤママダラウマ	オオハヤシウマ	ヒメキマダラウマ	ヒラタクチキウマ

カマドウマ科の後脛節

78

●クロギリス科　　　　　　　　　　●コロギス科

ヤンバルクロギリス♀　　　　　　　コロギス♀

ヤエヤマクロギリス♀　　　　　　　ヒノマルコロギス♂

ヤクシマクロギリス♀　　　　　　　マルモンコロギス♀

　　　　　コバネコロギス♀　　　　ニセヒノマルコロギス♂

コバネコロギス♂　タテスジコバネコロギス♀　　ニセヒノマルコロギス♀

　　　　　オオハネナシコロギス♀

　　　　　ハネナシコロギス♂　　　オガサワラコバネコロギス♂

オハネナシコロギス♂　ハネナシコロギス♀　オガサワラコバネコロギス♀

79

●カマドウマ科①

ズングリウマ♀

トサハヤシウマ♂

マダラカマドウマ♀

トサハヤシウマ♀

アマミマダラカマドウマ♀

モリズミウマ♀

サツママダラカマドウマ♂

ヤクハヤシウマ♀

サツママダラカマドウマ♀

ゴリアテカマドウマ♀

ヤエヤママダラウマ♀

オオハヤシウマ♀

ハヤシウマ♀

ヒメハヤシウマ♀

80

タラマハヤシウマ♂

コノシタウマ♀

タラマハヤシウマ♀

フトカマドウマ♀

クラズミウマ♀

ヨナグニハヤシウマ♂

カマドウマ♀

ヨナグニハヤシウマ♀

クメカマドウマ♀

ヤクカマドウマ♂

エラブカマドウマ♂

ヤクカマドウマ♀

エラブカマドウマ♀

アマギカマドウマ♀　　　メシマカマドウマ♀　　　アグニカマドウマ♀

●カマドウマ科②

ヒメキマダラウマ♀

キマダラウマ♀

アソキマダラウマ♂

イブシキマダラウマ♀

クマドリキマダラウマ♀

アソキマダラウマ♀

ケラマキマダラウマ♂

ボカシキマダラウマ♂

ウスイロキマダラウマ♂

アトモンコマダラウマ♂

ウスイロキマダラウマ♀

アトモンコマダラウマ♀

ボカシキマダラウマ♀

オキナワコマダラウマ♀

ムネツヤアメイロウマ♀

ヒナアメイロウマ♂

モザイクコマダラウマ♂

ヒナアメイロウマ♀

ムネツヤアメイロウマ♀

モザイクコマダラウマ♀

アケボノアメイロウマ♂

ハスオビアメイロウマ♂

トカラアメイロウマ♂

アケボノアメイロウマ♀

トカラアメイロウマ♀

ハスオビアメイロウマ♀

ムモンアメイロウマ♂
ウスリーカマドウマ♀
コガタカマドウマ♀
ムモンアメイロウマ♀
クロイシカワカマドウマ♂
ヨナグニアメイロウマ♂
クロイシカワカマドウマ♀
ヨナグニアメイロウマ♀
サドカマドウマ♂
カミタカラカマドウマ♂
ツクバカマドウマ♂
マメカマドウマ♂
カミタカラカマドウマ♀
マメカマドウマ♀
ツクバカマドウマ♀
イシカワカマドウマ♂
キュウシュウカマドウマ♂
アカゴウマ♂
イシカワカマドウマ♀
イセカマドウマ♂
アカゴウマ♀
サツマカマドウマ♂
サツマカマドウマ♀

83

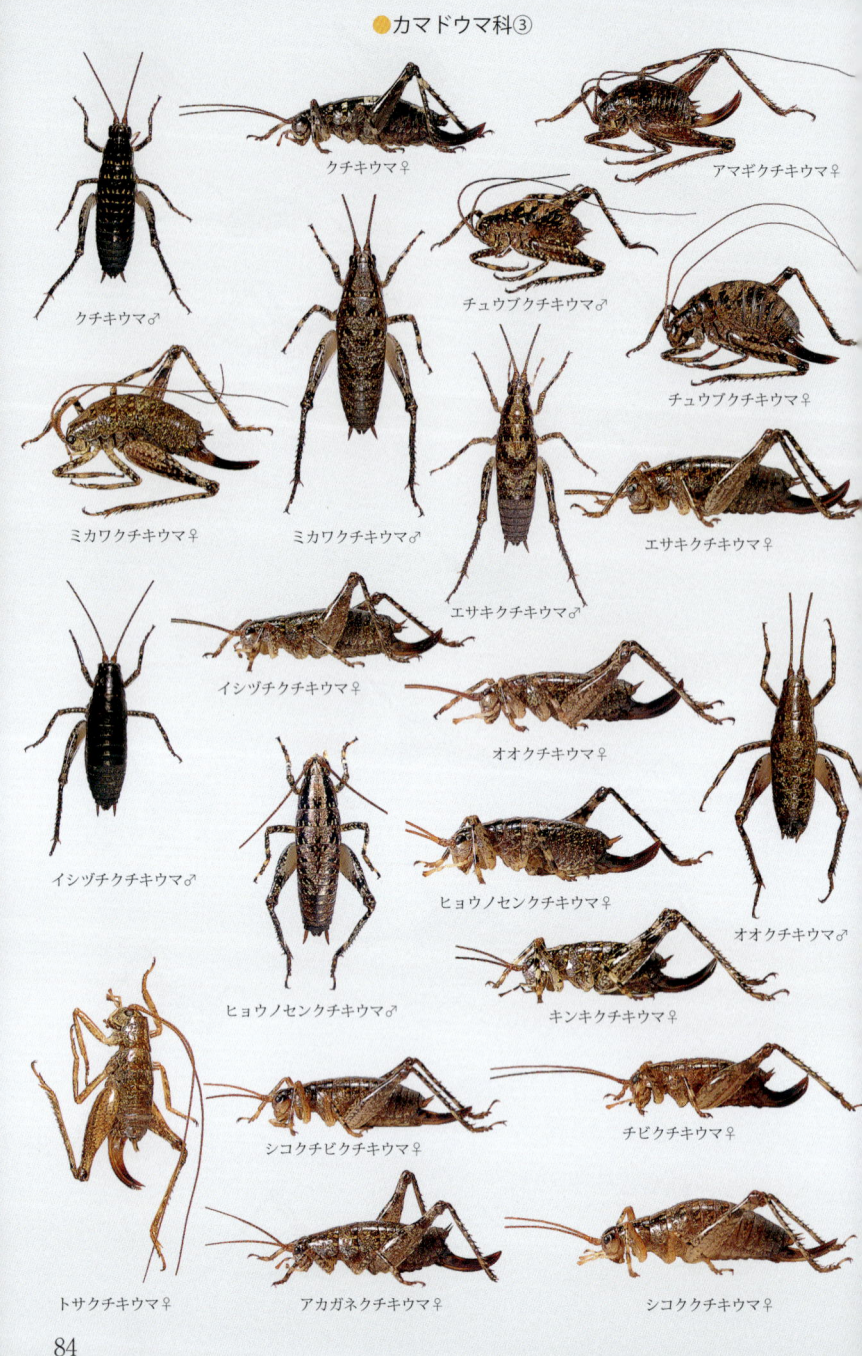

●カマドウマ科③

クチキウマ♀
アマギクチキウマ♀
クチキウマ♂
チュウブクチキウマ♂
チュウブクチキウマ♀
ミカワクチキウマ♀
ミカワクチキウマ♂
エサキクチキウマ♀
エサキクチキウマ♂
イシヅチクチキウマ♀
オオクチキウマ♀
イシヅチクチキウマ♂
ヒョウノセンクチキウマ♀
オオクチキウマ♂
ヒョウノセンクチキウマ♂
キンキクチキウマ♀
シコクチビクチキウマ♀
チビクチキウマ♀
トサクチキウマ♀
アカガネクチキウマ♀
シコククチキウマ♀

ツルギクチキウマ♀
ハクサンクチキウマ♀
オタリクチキウマ♀
ギフクチキウマ♀
エゾヒラタクチキウマ♀
ニッコウヒラタクチキウマ♀
ヒラタクチキウマ♀
エゾヒラタクチキウマ♂
マツモトヒラタクチキウマ♂
ヒラタクチキウマ♂
ツヤヒラタクチキウマ♂
マツモトヒラタクチキウマ♀
ツヤヒラタクチキウマ♀
トウホクヒラタクチキウマ♂
トウホクヒラタクチキウマ♀
クチキウマモドキ♂
クチキウマモドキ♀
ドウナンヒラタクチキウマ♀
ドウナンヒラタクチキウマ♂
ヒダカヒラタクチキウマ♀
ヒダカヒラタクチキウマ♂

ヤクシマクロギリス♂	ヤンバルクロギリス♂	コロギス♂	ヒノマルコロギス♂	マルモンコロギス
コバネコロギス♀	ハネナシコロギス♂	ズングリウマ♂	マダラカマドウマ♂	ヤエヤママダラウマ
モリズミウマ♂	ハヤシウマ♂	ヤクハヤシウマ♂	ゴリアテカマドウマ♀	オオハヤシウマ♂
コノシタウマ♀	フトカマドウマ♂	クラズミウマ♀	カマドウマ♀	クメカマドウマ♀
キマダラウマ♂	クマドリキマダラウマ♂	イブシキマダラウマ♂	チビクチキウマ♂	ヒラタクチキウマ♀

クロギリス・コロギス・カマドウマの顔コレクション

●キリギリス科 Tettigoniidae

中〜大型。草地や低木上にすむことが多い。いずれもよく鳴くが，周波数が高く，聞き取りにくいものもある。日本産は5亜科に分けられる。

・キリギリス亜科　Tettigoniinae

中〜大型。頭部はあまりとがらない。比較的大きな声で鳴く種が多い。

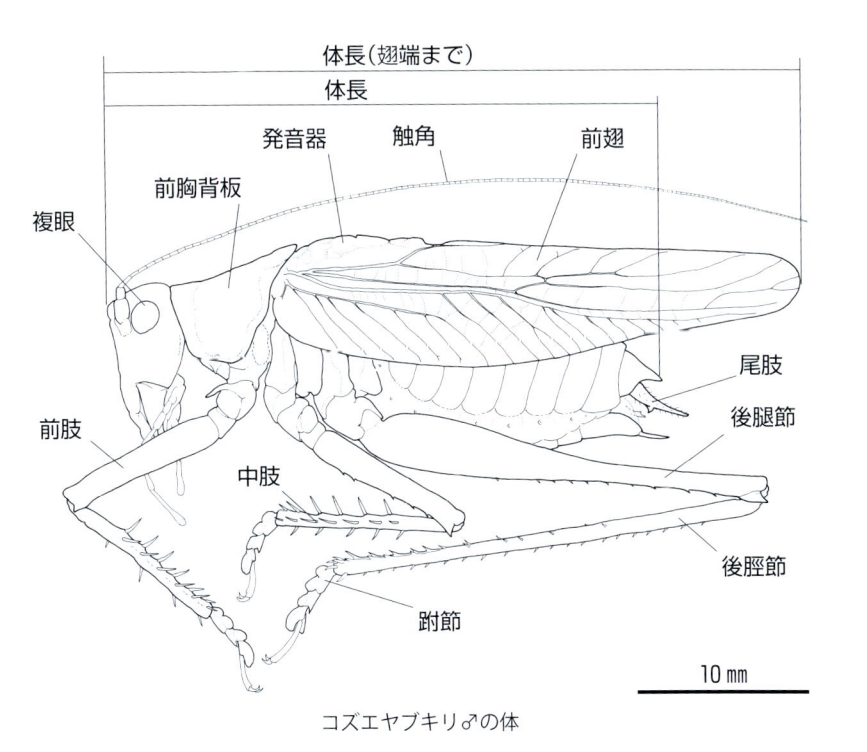

ヒメギス♀　　ヒガシキリギリス♂

コズエヤブキリ♂の体

・ヒサゴクサキリ亜科　Agraeciinae

　大型。頭部はやゃとがる。♀の産卵器は幅広い。日本産の種はいずれも竹笹類の樹上にすみ，聞き取りにくい小声で鳴く。

ヒサゴクサキリ♂　　ボルネオヒサゴクサキリ♀

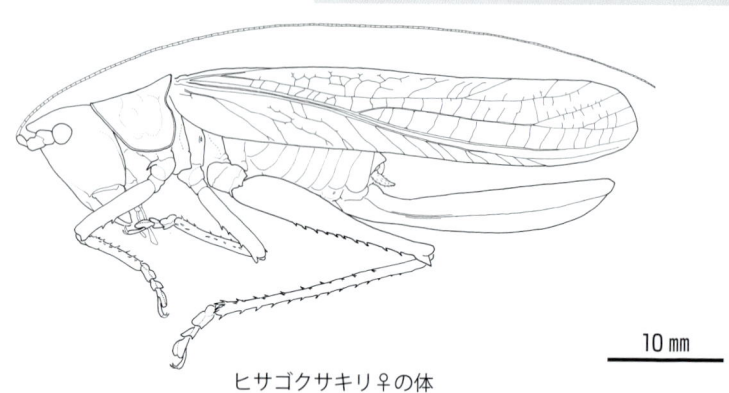

ヒサゴクサキリ♀の体

10 mm

・クサキリ亜科　Copiphorinae

　大型。頭部は三角形にとがることが多い。草地にすみ，大きな声で鳴く種が多い。

クビキリギス♀　　クサキリ♀

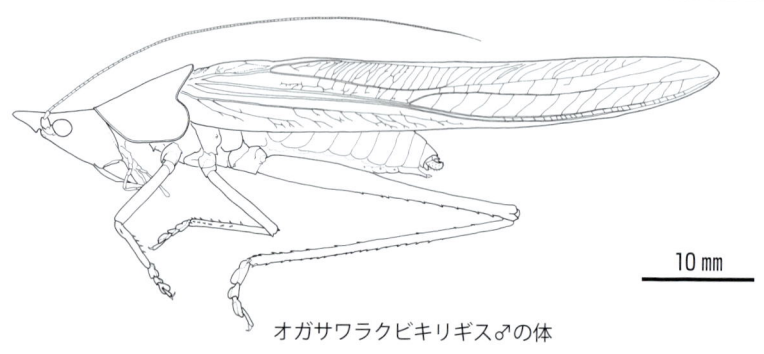

オガサワラクビキリギス♂の体

10 mm

・ササキリ亜科　Conocephalinae

　キリギリス科の中では小型。頭はやや三角形にとがる。長翅の場合は，後翅端が前翅から少しはみ出す。草地や樹上にいて，人が近づくととまっていた葉や茎の反対側にまわってかくれる。よく鳴くが周波数が高くて聞き取りにくいものが多い。

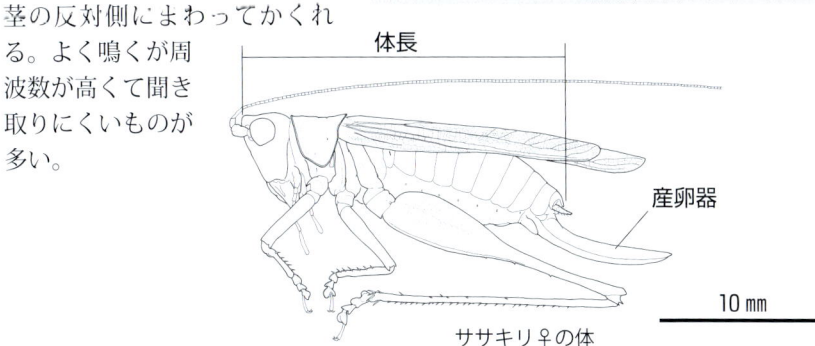

ササキリ♀　　オナガササキリ♀

体長

産卵器

10 mm

ササキリ♀の体

・ウマオイ亜科　Listroscelidinae

　中型。前肢・中肢脛節に鋭い棘が並び，他の昆虫を捕食する。発音器が発達し，個性的な鳴き声を出す。夜行性。

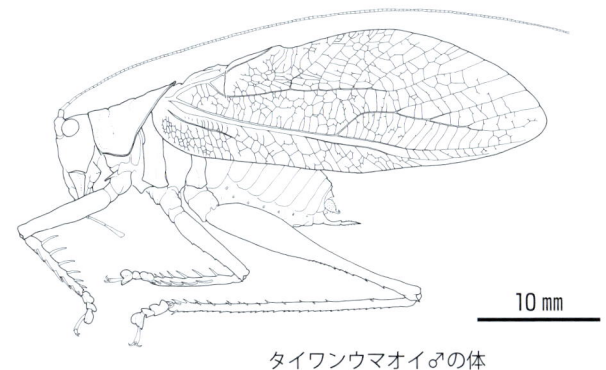

ハヤシノウマオイ♂　　アシグロウマオイ♂

10 mm

タイワンウマオイ♂の体

難しいヤブキリの分類

　日本のヤブキリはさまざまな声で鳴くことが知られている。聞き比べてみると，同じ種とは思えないほど異なることも珍しくない。キリギリスやコオロギの仲間が鳴くのは，その多くは♂が♀をよんで繁殖を行うためである。たくさんの種が一斉に鳴いても同じ種どうしがきちんとコミュニケーションをとれるのは，それぞれの種が特有の鳴き声をもっているためである。したがって，姿が似ていても鳴き声が明瞭に異なっていれば，互いに別の種であると考えるべきなのだ。その考えのもと，ヤブキリをいくつかの種に分類する試みはずいぶん行われてきた。『バッタ・コオロギ・キリギリス大図鑑』でも，17種に分割している。ところが，鳴き声や形態でタイプ分けを行おうとしても，中間的なものが多数あり，調べれば調べるほどわからなくなってしまう。だからといって，すべてを同一種としてまとめてしまうと，ヤブキリの多様性を不当に無視することになるだろう。本書では，下の表のように鳴き声，形態，生息環境を組み合わせてフィールドで区別しうる4種とする。

	鳴き声	前翅の幅	生息環境	分　布
ヤブキリ	連続〜断続	中間	主に樹上	北海道，本州，四国，九州，対馬
ヤマヤブキリ	区切る	広い	草原や低木上	本州（関東から中国地方）
コズエヤブキリ	区切る	狭い	樹上高所	本州，四国，対馬
ウスリーヤブキリ	連続	広い	主に樹上	対馬南部

ヤブキリの羽化。夜間行われることが多く，脱皮殻は食べることが多い。

春，ヤブキリとキリギリスの幼虫は簡単に見分けられる。

背に1本線がヤブキリ

背に2本線がキリギリス

ブキリ　*Tettigonia orientalis*　　　　　　　　　　　　●キリギリス科

上(♂)：奈良県広陵町 1985 年 7 月，下(♀)：奈良県香具山 2006 年 6 月

ヤブキリ　*Tettigonia orientalis*　　　●キリギリス

緑色のものが多いが，褐色のものもいる。体長♂45〜52 mm，♀47〜58 mm。成虫は主に樹上にすむが，若い幼虫は草地にいる。普通種。シキシキシキ…と数秒間連続して鳴くことが多いが，鳴き声の変異がきわめて大きく，チキ・チキ・チキ…と間延びしたり，シリリ・シリリ…と区切って鳴いたり，多くの型が知られる。6〜10月に成虫。北海道，本州，四国，九州，対馬などに分布する。／上(褐色型の♂)：京都府皆子山 1992年9月，下(鳴く♂)：長崎県諫早市 2003年8月

ヤマヤブキリ　　*Tettigonia yama*　　　●キリギリス科

ヤブキリよりもやや小型で，翅が幅広くて丸みを帯びる。体長♂33～40 mm，♀ 40～45 mm。草原性で樹上にはあまりのぼらない。シリリ・シリリ・シリリ…と短く区切って鳴く。6～10月に成虫。本州(関東～中国)に分布する。北近畿の個体群をイブキヤブキリ *T. ibuki* として区別することがある。ウスリーヤブキリ *T. ussuriana* はヤマヤブキリよりも翅が幅広くて丸みがあり，区切らずに連続して鳴く。体長♂31～38 mm，♀35～42 mm。林縁やブッシュにすみ，6～10月に成虫。対馬南部に分布する。/上(♂)・下左(♂)・下右(♀)：長野県開田村(現 木曽町)2005年8月

コズエヤブキリ　*Tettigonia tsushimensis*　　●キリギリス

上(♂)・下(♀)：対馬 2006 年 7 月

コズエヤブキリ　*Tettigonia tsushimensis*　　●キリギリス科

翅は細長く，体色は濃い緑色に黒斑や黄斑がよくめだつ傾向がある。体長♂ 30〜51 mm，♀ 40〜56 mm。樹上の高いところにすみ，採集しにくい。ジリリ・ジリリ・ジリリ…と短く区切って鳴く。6〜10 月に成虫。本州，四国，対馬に分布する。/ 上(♂)・下右(♀)：奈良県川上村 2009 年 8 月，下左(♂)：和歌山県高野町 2009 年 8 月

カラフトキリギリス *Decticus verrucivorus* ●キリギリス

がっしりとした体格のキリギリス。緑色型と褐色型がある。体長♂ 52〜54 mm, ♀ 77〜82 mm。海岸の砂浜周辺の草地や湿地にすみ，早朝にジッ・ジッ・ジッ…と鳴く。8〜9月に成虫。北海道のオホーツク海沿岸に局所的に分布する。／上(♂)・下左(♂)：北海道小清水町 2007年7月, 下右(♂)：北海道小清水町 2005年9月

ニシキリギリス　　*Gampsocleis buergeri*　　　　　　　　　●キリギリス科

従来「キリギリス」とされていた種は，最近の研究でニシキリギリスとヒガシキリギリスの2種に分割された。ニシキリギリスは，発音器が小さく，前翅がやや長く，黒斑が少ないことで区別される。翅型には多少の地理的変異がある。体長(翅端まで)♂29〜37 mm，♀30〜40 mm。明るい草地に普通。主に昼間にギース・チョンと鳴く。6〜10月に成虫。本州(近畿，中国)，四国，九州，対馬，壱岐，五島列島，種子島，屋久島，奄美大島に分布する。/上(♂):奈良県香具山 2006年7月，下左(♂):熊本県阿蘇山 2008年9月，下右(♀):奈良県香具山 2006年7月

ヒガシキリギリス *Gampsocleis mikado* ●キリギリス

ニシキリギリスよりも発音器が大きく，翅は短い傾向にあり，翅に黒斑が多い。ニシキリギリスより肢がやや短い。体長（翅端まで）♂ 26 〜 42 mm，♀ 25 〜 40 mm。7 〜 10 月に成虫。鳴き声はニシキリギリスに似るが抑揚がやや高い。本州（近畿以北）に分布する。近畿地方では，ニシキリギリスとヒガシキリギリスが混在する。/ 上(♂)：長野県飯田市 2006 年 8 月，下左(♀)・下右(♂)：長野県喬木村 2006 年 8 月

ハネナガキリギリス　*Gampsocleis ussuriensis*　●キリギリス科

ニシキリギリスやオキナワキリギリスによく似るが、♂の発音器がやや大きい。体長（翅端まで）♂ 27 〜 30 mm，♀ 31 〜 37 mm。鳴き声は，ニシキリギリスに似る。草地や湿原に普通。8 〜 9 月に成虫。北海道に分布する。／上(♂)・下(♀)：北海道野付半島 2005 年 9 月

オキナワキリギリス　*Gampsocleis ryukyuensis*　　●キリギリス

ニシキリギリスに似るが，より大型で，翅が長く，♂の発音器が細長い。体長（翅端まで）♂ 37～40 mm，♀ 39～43 mm。鳴き声は他のキリギリス属よりもギースの部分が長い。草地や畑地にすみ，やや局所的。6～9月に成虫。沖縄諸島，宮古諸島に分布する。／上(♂)：沖縄島 2007 年 7 月(村山 望)，下(♀)：沖縄島 2001 年 8 月(村山 望)

ノシマフトギス *Paratlanticus tsushimensis* ●キリギリス科

短翅で，体は褐色で腹部両側が緑色になることがある。体長約 33 mm。林縁の低木上や草むらにすみ，主に夜間に大きな声でジッ・ジッ・ジッ・ジッ…と鳴く。成虫は初夏に多い。対馬に分布する。／上(♂)・下(♀)：対馬 2006 年 7 月

ヒメギス *Eobiana engelhardti subtropica* ●キリギリス

体は黒褐色で，背中は灰褐色だがまれに緑色。短翅型では前翅の先はややとがり，長翅型では丸い。体長♂ 17～26 mm，♀ 17～27 mm。湿った草地にすみ，シリリリリ…と鳴く。普通種。6～10月に成虫。北海道，本州，四国，九州，佐渡島，隠岐，対馬に分布する。/ 上(♂):奈良県橿原市 2009年6月，下左(♀):長野県開田村(現 木曽町)2005年8月，下右(♀):鳥取県大山 2008年7月

102

イブキヒメギス *Eobiana japonica* ●キリギリス科

ヒメギスに似るが，翅の先端は丸い。長翅型は見られない。腹側は通常黒い。後肢の膝は内側に小さい棘がある。♀の生殖下板先端は浅いV字型に切れ込む。体長♂19〜29 mm，♀20〜29 mm。ヒメギスよりも冷涼な地域の林縁の草地や湿地にすみ，ジリッ・ジリッ・ジリッ…と鳴く。夏〜秋に成虫。北海道，本州（日本海側）に分布する。近縁種が多く，分類学的検討は十分ではない。トウホクヒメギス *E. gradiella* は♀の生殖下板先端は短く，三角型に切れ込む。体長♂17 mm，♀22 mm。岩手県に分布する。
上(♂)：山形県月山2006年10月，下(♀)：山形県西川町2007年9月

バンダイヒメギス　*Eobiana* sp.　　●キリギリス

イブキヒメギスに酷似する。後肢の膝には内側にやや大きな，外側に小さな棘がある。
♀の生殖下板先端はV字型に切れ込む。体長♂ 20 〜 25 mm，♀ 21 〜 29 mm。生態
はイブキヒメギスに似て，鳴き声のテンポはやや遅い。東北南部〜関東北部の太平洋側
に分布する。／上(♂)・下(♀)：福島県檜枝岐村 2006年9月

ニョウノセンヒメギス　*Eobiana* sp.　　●キリギリス科

イブキヒメギスに酷似する。後肢の膝の棘には変異がある。♀の生殖下板は長く，先端は他種より細く深く切れ込む。体長♂ 22 〜 23 mm，♀ 24 〜 26 mm。生態はイブキヒメギスに似る。近畿・中国地方の日本海側に分布する。／上(♂)：鳥取県大山 2008 年 7 月，下(♀)：兵庫県氷ノ山 2005 年 8 月

ハラミドリヒメギス　*Eobiana nagashimai*　●キリギリス

イブキヒメギスによく似るが，腹部腹板が鮮緑色。♀の生殖下板先端は浅いV字型に切れ込む。体長♂19～24mm，♀21～22mm。ジッ・ジッ・ジッ…とやや小さく鳴く。8～9月に成虫。山地の林縁草地にすむ。本州（東北，中部）に分布し，いくつかの亜種に分けられる。ハラミドリヒメギス（原名亜種）*E. n. nagashimai*（山形県，新潟県，福島県），イイデハラミドリヒメギス *E. n. iidensis*（山形県，新潟県，福島県），タニガワハラミドリヒメギス *E. n. tanigawaensis*（新潟県，群馬県：谷川岳）。／上(♂)：群馬県至仏山 2007年9月（草刈広一），下(♀)：新潟県未丈ヶ岳 2008年9月（草刈広一）

ミヤマヒメギス　*Eobiana nippomontana*　●キリギリス科

イブキヒメギスに酷似する。♀の生殖下板先端は深くV字型に切れ込む。後肢の膝は内側に微小な棘があるか，全くない。体の色はより黒みが少ない。体長♂ 16 〜 20 mm，♀ 20 〜 29 mm。林縁草地にすむ。ジリ・ジリ・ジリ…と鳴く。夏〜秋に成虫。本州(東北・関東・中部の内陸山地)に分布する。／上(♂)：長野県開田村(現 木曽町)2005年8月，下(♀)：長野県松本市 2007年8月

コバネヒメギス　*Chizuella bonneti*　　●キリギリ

翅は短いが，きわめてまれに長翅型がいる。腹部下側は黄褐色〜黄緑色。体長♂15〜23 mm，♀18〜26 mm。ヒメギスよりは乾燥した草地に多い。チリ…チリ…と小さな声で鳴く。夏に成虫。普通種。北海道，本州，四国，九州，佐渡島，対馬，五島列島に分布する。/上(♂)：奈良県葛城山 2008 年 8 月，下左(♀)・下右(♂)：対馬 2006 年 7 月

ヒサゴクサキリ　*Palaeoagraecia lutea*　　　●キリギリス科

体は淡褐色で背中に濃褐色の帯があり，顔面に特徴的な緑色の斑紋がある。体長41～
52 mm。メダケやマダケなどの竹笹類のやぶにすみ，若芽をかじる。生息地には多数
の個体が集まっていることが多い。夜行性で，シチッ…シチッ…と小さな声で鳴く。夏
に成虫が多い。本州(関東南部以西)，四国，九州，対馬などに分布する。オキナワヒサ
ゴクサキリ *P. ascenda* は酷似するがやや大型で，体長51～64 mm。九州(宮崎県)，
南西諸島に分布する。ボルネオヒサゴクサキリ *P. philippina* は背面の濃褐色帯や顔面の
緑色紋がなく，与那国島で8月に採集例があるが，きわめてまれ。/左(♂)・右(♀)：対馬
2007年9月

109

カヤキリ *Pseudorhynchus japonicus*

●キリギリス

体は大きく太い。頭頂はとがる。通常緑色だが淡褐色型もいる。大顎は赤褐色。体長 63〜67 mm。丈の高いイネ科の草地にすみ，♂は夜間に草の上部へのぼってジャーと連続して大声で鳴く。成虫は夏に多い。本州南部，四国，九州，伊豆諸島，対馬，五島列島，大隅諸島などに分布する。/ 上（鳴く♂）：奈良県北葛城郡 1987 年 8 月，下左（♀）：京都府久美浜町（現 京丹後市）2006 年 9 月，下右（褐色型の♂）：福岡県平尾台 2003 年 8 月

トガリクビキリ　　*Pyrgocorypha subulata*　　●キリギリス科

頭頂は鋭くとがる。体は緑色で前肢は黄色っぽい。褐色型は知られていない。体長35〜39 mm。リュウキュウチクなどの竹類の樹上にすみ，夜間チッ・チッ・チッ…と鳴く。秋〜春に成虫。奄美大島以南の南西諸島に分布する。/ 上(♂):沖縄島 2008 年 5 月, 下(♀):奄美大島 2004 年 5 月

クサキリ　*Ruspolia lineosa*　●キリギリス

頭頂は、とがらず丸い。翅端部はとがらず、丸みを帯びた裁断型。緑色型と褐色型がある。体長24〜30 mm。丈の低い草地にすむ。夜間にジーと連続して鳴く。普通種。秋に成虫。本州中南部、四国、九州、佐渡島、伊豆諸島、隠岐、対馬、屋久島に分布する。／上(♂)：大阪府能勢町 2006年9月、下(♀)：兵庫県川西市 2005年10月

ニメクサキリ　　*Ruspolia dubia*　　　　　　　　　　●キリギリス科

クサキリによく似るが，翅端はややとがっている。体長 22 〜 30 mm。生息環境もクサキリに似るが，より冷涼な地域に多く，西日本では山地性。ジーと連続して鳴くが，鳴き始めにジッ・ジッという断続音の前奏を入れることが多い。普通種。秋に成虫。北海道，本州，四国，九州，佐渡島に分布する。/ 上（鳴く♂）：長野県富士見町 2006 年 9 月，下左（♀）：山形県西川町 2008 年 10 月，下右（♀）：佐賀県脊振山 2008 年 9 月

113

オオクサキリ *Ruspolia* sp. ●キリギリ

ヒメクサキリに似るが，やや大型で鳴き声が異なる。体長（翅端まで）♂38〜50 mm，♀47〜53 mm。関東では海岸の草地や低湿地のアシ原に，九州では高原草原にすみ，夜間にチキチキチキチキチキ…と鳴くが，テンポには変異がある。成虫は8月に多い。本州（新潟平野，関東平野），九州北部に分布する。/上(♂)：栃木県渡良瀬遊水池2010年8月，下左(♀)・下右（鳴く♂）：福岡県平尾台2003年8月

ノブイロカヤキリ　　*Xestophrys javanicus*　　●キリギリス科

体は太短く，褐色で顔の下半は黒みを帯びる。緑色型は知られていない。体長36〜46mm。やや丈の高い草むらにすむ。普通種。秋に羽化し，成虫で越冬して5月ごろにジャーと鳴く。同じ時期に鳴くクビキリギスよりもしわがれた声である。本州中南部，四国，九州，佐渡島，対馬，種子島，屋久島に分布する。／上左(♂)・上右(鳴く♂)・下(♀)：京都府八幡市 2007年5月

オキナワシブイロカヤキリ　*Xestophrys platynotus*　　●キリギリ

シブイロカヤキリによく似るがより大型で，ほぼ周年成虫が見られる。体長 60 〜 70 mm。丈の高いイネ科の草地などにすみ，ジャーと鳴く。奄美大島以南の南西諸島に分布する。／上左（♀）・下（幼虫）：奄美大島 2007 年 10 月，上右（♀）：久米島 2006 年 11 月

クビキリギス　*Euconocephalus varius*　　●キリギリス科

体は細長く，頭頂は三角型にとがる。大顎は赤褐色。翅端は丸みを帯びた裁断型。緑色型と褐色型があるが，赤い個体もいる。体長 27 〜 34 mm。草地に普通で，飛んで移動するので街中でもよく見る。秋に羽化し，イネ科の草の株などに潜り込んで成虫越冬する。主に春にジーと長く連続して鳴く。北海道，本州，四国，九州，南西諸島などに分布する。／上 (♂)：奈良県斑鳩町 1991 年 4 月，下左 (♂)：京都府八幡市 2007 年 5 月，下右 (♀)：高知県土佐清水市 2009 年 6 月

オガサワラクビキリギス *Euconocephalus nasutus* ●キリギリ

クビキリギスにきわめてよく似るが，翅端がとがり気味であることで区別できる。体長 28〜36 mm。生活史や生態はクビキリギスとほぼ同様。鳴き声もクビキリギスによく似るが，より太い声。本州（まれ），四国南部，九州南部，小笠原諸島，南西諸島に分布する。/上（鳴く♂）：西表島 2008 年 10 月，下左（♀）：与那国島 2009 年 4 月，下右（♂）：沖縄島 2009 年 10 月

ホシササキリ　*Conocephalus maculatus*　　●キリギリス科

上翅に黒い斑紋列がある。緑色型と褐色型がある。産卵器は短めでほぼまっすぐ。体長 13〜17 mm。乾燥した雑草地に普通。ジー・ジー・ジー…と区切って繰り返し鳴く。北日本では年1化，南日本では年2化，南西諸島などではほぼ周年成虫が見られる。本州，四国，九州，伊豆諸島，小笠原諸島，対馬，南西諸島に分布する。/ 上(♂)：京都府八幡市 2008年9月，下(♀)：兵庫県川西市 2006年10月

キタササキリ *Conocephalus fuscus* ●キリギリス

翅はやや長く，産卵器は長くてまっすぐ。後腿節下縁の外側に 3〜4 本の棘がある。緑色型と褐色型がある。体長♂ 13 mm，♀ 19 mm。湿地の草の上やアシ原にいるが，少ない。ジリリリリ…と鳴く。8 月下旬〜9 月上旬に成虫。北海道に分布する。エゾコバネササキリ *C. beybienkoi* は翅が短く，産卵器はやや上に湾曲する。緑色型と黄褐色型がある。体長約 20 mm。低湿地のアシ原にいるが，少ない。ツッツッツッツッジーと鳴く。8 月下旬〜9 月上旬に成虫。北海道東部の沿岸域に分布する。／左(♂)・右(♀)：北海道網走市 2009 年 9 月

ウスイロササキリ *Conocephalus chinensis* ●キリギリス科

翅は長く，産卵器は短くてほぼまっすぐ。頭部は他種よりもとがる。緑色型と褐色型があるが，褐色型は多くない。体長♂13〜18 mm，♀28〜33 mm。明るい草地に普通。日中にツルルルルルと鳴く。北日本では年1化で秋に成虫，南日本では年2化で夏から秋に成虫。北海道，本州，四国，九州，伊豆諸島，対馬，屋久島などに分布する。
/上左(♂)：京都府久美浜町(現 京丹後市)2006年9月，上右(鳴く♂)：京都府城陽市2006年10月，下(♀)：京都府八幡市2008年9月

オナガササキリ *Conocephalus gladiatus* ●キリギリス

産卵器はきわめて長くてまっすぐ。緑色型と黄褐色型がある。体長 15 〜 21 mm。やや丈の高い明るい草地に普通。日中にジリリ・ジリリ・ジリリ…と比較的大きな声で区切って鳴く。年1化で、夏〜秋に成虫。本州、四国、九州、佐渡島、隠岐、対馬、南西諸島に分布する。／上左(鳴く♂)：兵庫県猪名川町 2006 年 10 月、上右(交尾)：京都府八幡市 2008 年 9 月、下(♀)：奈良県橿原市 1985 年 9 月

コバネササキリ　　*Conocephalus japonicus*　　●キリギリス科

翅は通常短く，腹端にとどく程度だが，長翅型もいる。産卵器は長くて少し上に曲がる。後腿節下縁の外側に3～4本の棘がある。緑色型と褐色型があるが，褐色型は多くない。体長13～20 mm。水田周辺や低湿地などの草原にいるが，局所的。ジリリリ…と小さな声で鳴く。年1化で，秋に成虫。北海道，本州，四国（まれ），九州（まれ），南西諸島に分布する。/左(♂)：奈良県平城京跡2007年9月，右上(♀)：兵庫県猪名川町2008年9月，右下(長翅型♀)：兵庫県川西市2010年9月

イズササキリ *Conocephalus halophilus* ●キリギリス

翅は長く,産卵器はやや長く幅広い。♂の尾肢の内歯の先端はとがって下向きに曲がる。緑色型と黄褐色型がある。体長♂ 18 mm, ♀ 17～20 mm。主に河口付近の感潮域のアシ原やマングローブの低木林にすみ,きわめて局所的。非常に小さな声で,ジィ・ジィ・ジィ・ジジジ…と鳴く。年1化で秋に成虫。本州(関東平野,伊豆半島),四国(徳島県),奄美大島に分布する。 /左(♂)・右上(♀)・右下(♀):徳島県徳島市吉野川 2008 年 9 月

ナサキリ *Conocephalus melaenus* ●キリギリス科

体側から前翅にかけて太い黒帯があり，一見して他のササキリ類から区別できる。幼虫も赤と黒の色彩で特徴的。成虫は通常緑色型だが，まれに黄色型が出る。体長12〜17 mm。森林性で，日陰の低木や草上に普通。ジキジキジキ…と連続してやや大きな声で鳴く。年1化で秋に成虫。本州中南部，四国，九州，南西諸島に分布する。／上(♂)：奈良県広陵町1987年9月，下左(♀)：三重県上野市(現 伊賀市)2008年8月，下右(幼虫)：奄美大島2008年6月

フタツトゲササキリ　　*Conocephalus bambusanus*　　●キリギリス

♂の尾肢の内歯は2本。産卵器は短くやや幅広い。色彩はさまざまに変異があるが、腹側が緑色であることが多い。短翅型と長翅型がある。体長♂17〜20mm，♀27mm。メダケやマダケなどのやぶにすむが，長翅型はよく飛ぶため竹笹以外の場所でも見つかる。主に夜間，ビビビビビッと鳴く。年1化で秋に成虫。本州南部，四国，九州，対馬，南西諸島に分布する。／左(♂)・右上(♂)・右下(♀)：対馬 2007年9月

カスミササキリ *Orchelimum kasumigauraense*　●キリギリス科

翅は短く腹部の半分程度だが，時に長翅型が出る。産卵器は長く，強く上反し，細かい鋸歯がある。緑色型と黄褐色型がある。体長♂20〜23mm，♀21〜24mm。自然度の高い低湿地のアシ原にすみ，かなり局所的。ごく弱くシリリリリ…と鳴く。年1化で秋に成虫。本州（東北太平洋側，関東平野，新潟県）に分布する。／上左（♂）：宮城県岩沼市2007年9月，上右（♀）：宮城県岩沼市2001年8月，下（幼虫）：宮城県亘理町2001年8月

127

タイワンウマオイ　*Hexacentrus unicolor*　　●キリギリ

ハヤシノウマオイ，ハタケノウマオイによく似るが，やや大型。緑色型のみ。体長23〜27 mm。丈の高い草地や林縁に普通。シッチョ・シッチョとハタケノウマオイよりも短く鳴く。成虫は長く見られるが夏に多い。南西諸島(トカラ列島以南)に分布する。
上(♂)・下(♀)：沖縄島 2007 年 8 月

ハヤシノウマオイ　*Hexacentrus hareyamai*　●キリギリス科

ハタケノウマオイに酷似するが，鳴き声で区別される。♂の発音器の鏡部左側の黒条が少し発達する。♀の外見では区別しがたい。緑色型のみ。体長♂約25 mm，♀約46 mm。主に森林付近の低木や草地に普通。スイーッチョンと長く伸ばして鳴く。夏～秋に成虫。本州，四国，九州，薩南諸島などに分布する。／上左(鳴く♂)：奈良県宇陀市2005年9月，上右(♂)：奈良県宇陀市2003年9月，下(♀)：奈良県香芝市2009年9月

ハタケノウマオイ　*Hexacentrus japonicus*　●キリギリス

♂の発音器の鏡部左側の黒条はほとんど発達しない。緑色型のみ。体長♂約30 mm，♀約47 mm。主に低地の河川敷などの草原にすみ，スイッチョ・スイッチョと短く鳴く。夏～秋に成虫。本州，四国，九州，伊豆諸島，対馬，屋久島などに分布する。/上左(♂)・上右(♂)：高知県室戸市2006年8月，下(♀)：京都府八幡市2008年8月

シグロウマオイ　*Hexacentrus fuscipes*　　　●キリギリス科

体は褐色で，緑色型は知られない。♂の前翅は風船状にふくらむ。♀には短翅型と長翅型がある。体長17〜23mm。丈の高いイネ科の草地にすみ，ギュルル…と大きな声で鳴き，時々グイと低い声を入れる。7〜10月に成虫。小笠原諸島母島，南西諸島（奄美大島以南）に分布する。／上(♂)・下左(♂)：久米島2003年7月，下右(♀)：沖縄島国頭村1989年9月(村山望)

●キリギリス科（キリギリス亜科）①

ヤブキリ♂

ヤブキリ♀

ヤマヤブキリ♂

ヤマヤブキリ♀

コズエヤブキリ♀

コズエヤブキリ♂

ウスリーヤブキリ♀

ウスリーヤブキリ♂

カラフトキリギリス♀

カラフトキリギリス♂

ハネナガキリギリス♂　　　　　　　　　　ハネナガキリギリス♀

ニシキリギリス♂

ニシキリギリス♀

ヒガシキリギリス♂

ヒガシキリギリス♀

オキナワキリギリス♂

オキナワキリギリス♀

ツシマフトギス♂

ツシマフトギス♀

133

●キリギリス科（キリギリス亜科）②

ヒメギス♂　　　　　　　　　　　　　　　ヒメギス♀

イブキヒメギス♂　　　　　　　　　　　　イブキヒメギス♀

トウホクヒメギス♂　　　　　　　　　　　トウホクヒメギス♀

バンダイヒメギス♂　　　　　　　　　　　バンダイヒメギス♀

ハラミドリヒメギス♂　　　　　　　　　　ハラミドリヒメギス♀

イイデハラミドリヒメギス♂　イイデハラミドリヒメギス♀　タニガワハラミドリヒメギス♂　タニガワハラミドリヒメギス♀

ミヤマヒメギス♂　　　　　　　　　　　　ミヤマヒメギス♀

ヒョウノセンヒメギス♂

コバネヒメギス♂

ヒョウノセンヒメギス♀

コバネヒメギス♀

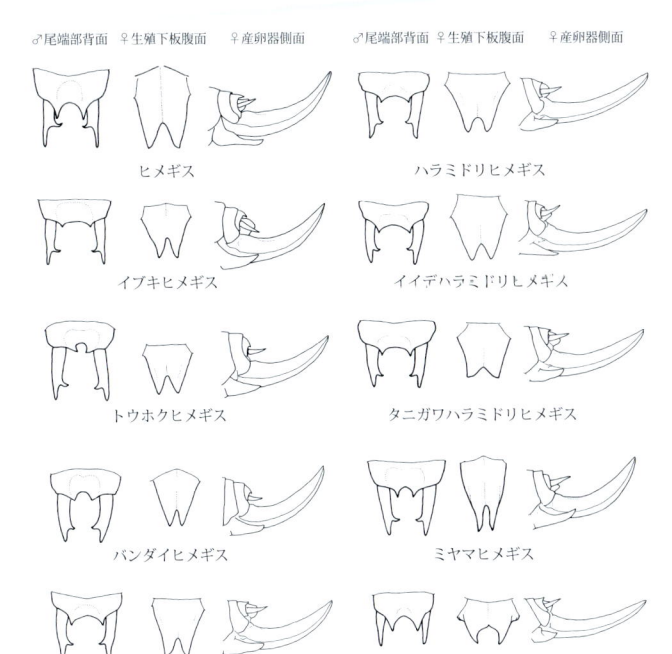

♂尾端部背面　♀生殖下板腹面　♀産卵器側面　　♂尾端部背面　♀生殖下板腹面　♀産卵器側面

ヒメギス　　　　　　　　　　　　ハラミドリヒメギス

イブキヒメギス　　　　　　　　　イイデハラミドリヒメギス

トウホクヒメギス　　　　　　　　タニガワハラミドリヒメギス

バンダイヒメギス　　　　　　　　ミヤマヒメギス

ヒョウノセンヒメギス　　　　　　コバネヒメギス

ヒメギス類の尾端図（一部は日本直翅類学会，2006 より改写）

●キリギリス科（ヒサゴクサキリ亜科）

ヒサゴクサキリ♂　　　　　　　　ヒサゴクサキリ♀

オキナワヒサゴクサキリ♂　　　　オキナワヒサゴクサキリ♀

ボルネオヒサゴクサキリ♂　　　　ボルネオヒサゴクサキリ♀

135

● キリギリス科（クサキリ亜科）

カヤキリ♂　　　　　　　　　　　　カヤキリ♀

ズトガリクビキリ♂　　　　　　　　ズトガリクビキリ♀

クサキリ♂　　　　　　　　　　　　クサキリ♀

ヒメクサキリ♂　　　　　　　　　　ヒメクサキリ♀

オオクサキリ♂　　　　　　　　　　オオクサキリ♀

シブイロカヤキリ♂　　　　　　　　シブイロカヤキリ♀

オキナワシブイロカヤキリ♂　　　　オキナワシブイロカヤキリ♀

クビキリギス♂　　　　　　　　　　クビキリギス♀

クビキリギス♀

オガサワラクビキリギス♂　　　　　オガサワラクビキリギス♀

●キリギリス科（ササキリ亜科）

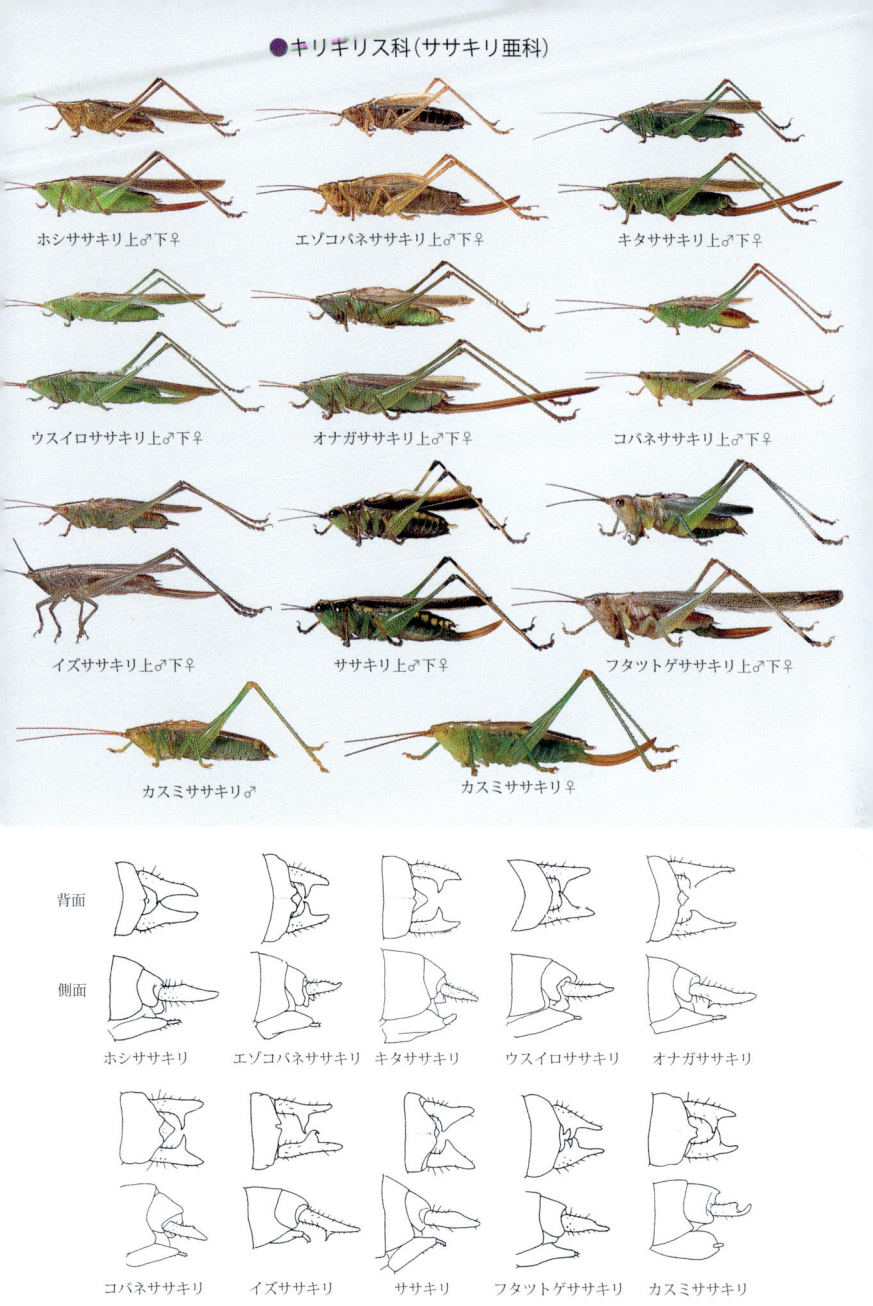

ホシササキリ上♂下♀　　エゾコバネササキリ上♂下♀　　キタササキリ上♂下♀

ウスイロササキリ上♂下♀　　オナガササキリ上♂下♀　　コバネササキリ上♂下♀

イズササキリ上♂下♀　　ササキリ上♂下♀　　フタツトゲササキリ上♂下♀

カスミササキリ♂　　カスミササキリ♀

背面

側面

ホシササキリ　エゾコバネササキリ　キタササキリ　ウスイロササキリ　オナガササキリ

コバネササキリ　イズササキリ　ササキリ　フタツトゲササキリ　カスミササキリ

ササキリ亜科♂の尾端図（日本直翅類学会，2006より）

♀産卵器側面　ホシササキリ　　　　エゾコバネササキリ

キタササキリ

オナガササキリ

ウスイロササキリ　　　　　　イズササキリ

コバネササキリ　　　フタツトゲササキリ

ササキリ　　　　　　　　　　カスミササキリ

ササキリ亜科♀の産卵器（日本直翅類学会，2006より）

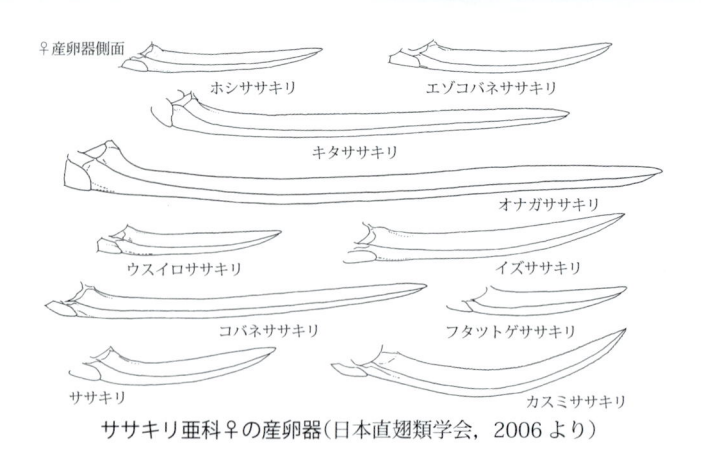

● キリギリス科（ウマオイ亜科）

タイワン　ハヤシ　ハタケ

ウマオイ3種♂の発音器

タイワンウマオイ上♂下♀

ハヤシノウマオイ上♂下♀

ハタケノウマオイ上♂下♀

アシグロウマオイ♂　　　　アシグロウマオイ♀

ヤブキリ♂	コズエヤブキリ(対馬)♂	ヒガシキリギリス♂	ハネナガキリギリス♀	カラフトキリギリス♂
ノシマフトギス♂	イブキヒメギス♀	ハラミドリヒメギス♂	ヒョウノセンヒメギス♀	イイデハラミドリヒメギス♀
ミヤマヒメギス♀	ヒサゴクサキリ♂	ズトガリクビキリ♀	カヤキリ♂	クサキリ♀
ヒメクサキリ♀	オオクサキリ♂	シブイロカヤキリ♀	クビキリギス♂	オガサワラクビキリギス♂
ホシササキリ♀	コバネササキリ♂	ササキリ♀	オナガササキリ♂	フタツトゲササキリ♀
キタササキリ♂	カスミササキリ♂	タイワンウマオイ♀	ハヤシノウマオイ♂	アシグロウマオイ

キリギリス科の顔コレクション

139

●ササキリモドキ科 Meconematidae

小型で多くは緑色。短翅と長翅の種があり，短翅のものは数多くの種に分化している。見分けるには♂の尾端部形態が重要。鳴き声はいずれもきわめて小さく，野外ではほとんど聞き取れない。タッピングする種も多い。樹上性で夜行性。

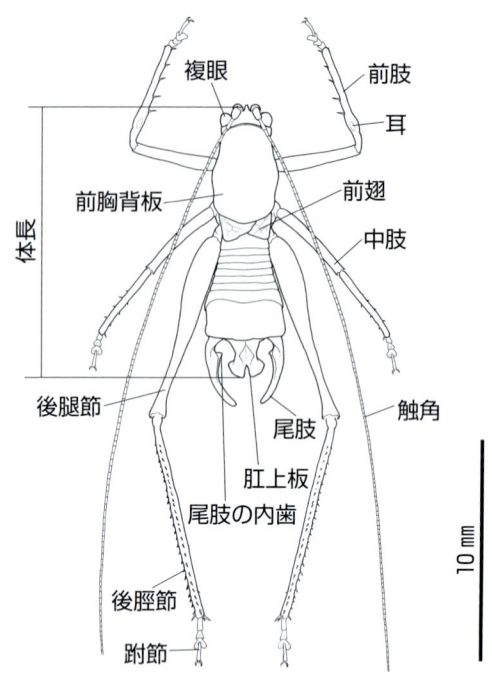

複眼 / 前肢 / 耳 / 前胸背板 / 前翅 / 中肢 / 体長 / 後腿節 / 尾肢 / 触角 / 肛上板 / 尾肢の内歯 / 後脛節 / 跗節

10 mm

ダイセンササキリモドキ♂の体

イシヅチササキリモドキ♂　　スオウササキリモドキ♂　　キタササキリモドキ♂

ルギササキリモドキ *Neophisis iriomotensis* ●ササキリモドキ科

肢は長く，前・中肢の腿節と脛節に長い棘が並ぶ。体長15～24mm。よく茂ったマングローブの樹上にすみ，ヒルギ類の樹皮のすきまに産卵する。成虫はかなり長い期間見られ，周年に近い。西表島，石垣島に分布する。/上(♂)：西表島2006年5月，下左(♂)：西表島2007年6月，下右(産卵する♀)：西表島2003年5月

ムサシセモンササキリモドキ *Nipponomeconema musashiense* ●ササキリモド

前胸にレンガ色の斑紋がある美しい長翅ササキリモドキで，冷温帯落葉樹林に生息し，よく灯火に集まる。♂の生殖下板後縁は深くV字上に切れ込む。体長 11〜15 mm。夏〜秋に成虫。本州(関東〜中国)，九州に分布する。／上(♂)・下(♀)：大分県久住町(現 竹田市) 2008年9月

ツセモンササキリモドキ *Nipponomeconema mutsuense* ●ササキリモドキ科

ムサシセモンササキリモドキに似るが、♂の生殖下板後縁はゆるやかな弧状にふくらみ、棒状突起はより小さい。体長 11 〜 16 mm。夏〜秋に成虫。本州(東北，紀伊半島)，四国に分布する。／上(♂)：徳島県剣山 2002 年 8 月，下(♀)：奈良県野迫川村 2005 年 8 月

スルガセモンササキリモドキ　*Nipponomeconema surugaense*　●ササキリモドキ

ムツセモンササキリモドキにきわめてよく似るが，♂の生殖下板後縁は方形に近い。体長 11 ～ 16 mm。夏～秋に成虫。本州中部地方南部，四国（高知県）に分布し，ムツセモンササキリモドキと混生する地域がある。／（♀）：静岡県静岡市 2009 年 8 月

ヒメツユムシ♂　ヤエヤマ♂　コウヤ♂　スズカ♂　オニ♂

クロスジコバネ♂　オオスミコバネ♂　ミナミ♂　ウンゼン♀　ニョタイ♂

ササキリモドキ科の顔コレクション（種名はヒメツユムシ以外はササキリモドキを省略）

サキリモドキ　*Kuzicus suzukii*　　●ササキリモドキ科

淡緑色で背中は淡褐色。♂の尾端部は複雑に発達する。体長♂13～15 mm，♀10～14 mm。低山の明るい林縁の低木や草の上に普通。8～11月に成虫。本州(中部以南)，四国，九州，対馬などに分布する。　／上(♂)・下(♀)：兵庫県川西市 2005年10月

セスジササキリモドキ　*Xiphidiopsis subpunctata*　●ササキリモド

鮮緑色で背中は濃褐色。♂の尾端部は単純。体長♂ 13 〜 14 mm，♀ 11 〜 12 mm。低山の林内や林縁の樹上にすむ。よく灯火に飛来する。8 〜 11 月に成虫。本州（関東以西），四国，九州に分布する。／上(♂)・下(♀)：奈良県生駒市 2009 年 9 月

ヒメツユムシ　*Leptoteratura albicornis*　　●ササキリモドキ科

小型で繊細な長翅ササキリモドキ。体は淡緑色で，眼のうしろから前胸にかけて黄色いすじがある。♂の尾肢は非相称で複雑。体長♂10〜12 mm，♀8〜13 mm。照葉樹林帯〜冷温帯の下部の林縁の樹上に普通。8〜11月に成虫。本州（東北南部以南），四国，九州，佐渡島に分布する。／上(♂)：静岡県伊豆半島 2005年10月，下(♀)：京都府芦生 2008年9月

147

オキナワヒメツユムシ　*Leptoteratura digitata*　●ササキリモドキ

他のヒメツユムシ類に似るが，♂の尾肢は大きく，後方へ伸張して先端はややとがる。体長♂9〜12 mm，♀7〜10 mm。照葉樹林のやぶにすむ。10月〜春に成虫が多い。沖縄島北部に分布する。ヨナヒメツユムシ *L. jona* は♂の尾肢は不相称で，右の尾肢にヘラ状突起がある。沖縄島北部で採集されたが，きわめてまれ。
(♀)：沖縄島国頭村 1995年8月(村山 望)

メジマヒメツユムシ　*Leptoteratura* sp.　　●ササキリモドキ科

オキナワヒメツユムシによく似るが，♂の尾肢の先端は，より丸みを帯びる。未記載の種と思われる。照葉樹林の林縁にすみ，6〜7月に採集例がある。久米島に分布する。
上(♂)・下左(♀)・下右(♂)：久米島 2009年6月

ヤエヤマヒメツユムシ　*Leptoteratura yaeyamana yaeyamana*　🔵ササキリモドキ

他のヒメツユムシ類に似るが，♂の尾肢の形態が異なる。照葉樹林のやぶや下草にすむ。体長♂8〜10 mm，♀7〜10 mm。石垣島，西表島に分布する。ドナンヒメツユムシ *L. y. donan* はヤエヤマヒメツユムシの別亜種。♂の尾肢が異なる。与那国島に分布する。テテヒメツユムシ *L. symmetrica* は，♂の尾肢がほぼ左右対称。体長♂7〜10 mm，♀9 mm。10〜11月に成虫。奄美大島，徳之島に分布する。／上(♂)：西表島 2006年5月，下(♀)：西表島 2007年6月

背面　　　腹面

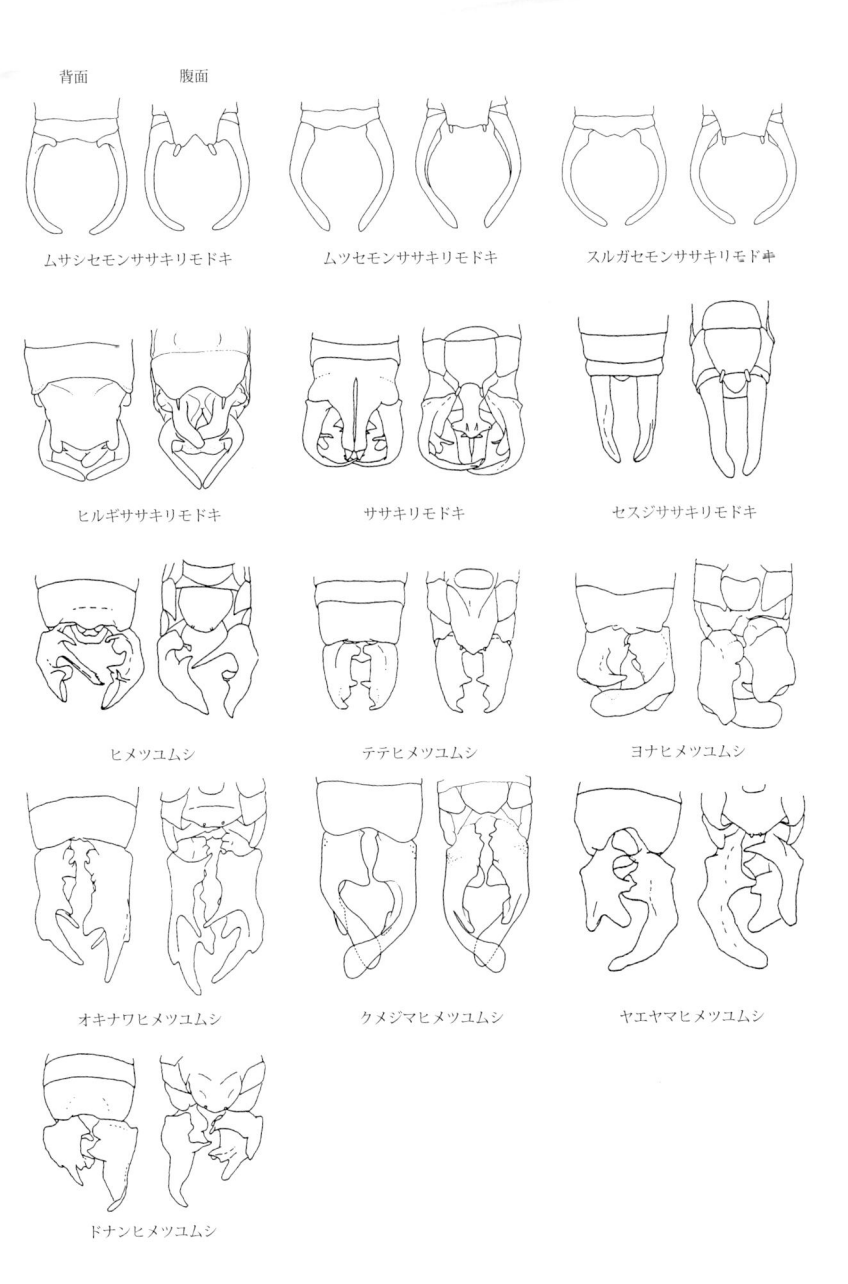

ムサシセモンササキリモドキ　　　ムツセモンササキリモドキ　　　スルガセモンササキリモドキ

ヒルギササキリモドキ　　　ササキリモドキ　　　セスジササキリモドキ

ヒメツユムシ　　　テテヒメツユムシ　　　ヨナヒメツユムシ

オキナワヒメツユムシ　　　クメジマヒメツユムシ　　　ヤエヤマヒメツユムシ

ドナンヒメツユムシ

長翅ササキリモドキ類♂の尾端図（一部は日本直翅類学会，2006 より改写）

151

ヤエヤマササキリモドキ *Phlugiolopsis yaeyamensis* ●ササキリモドキ

背面に太い褐色の帯がある。♂の尾肢はかなり単純で，肛上板は発達しない。体長♂7〜9mm，♀6〜9mm。照葉樹林縁の低木上にすむ。5〜6月に成虫。石垣島，西表島，与那国島に分布する。ユワンササキリモドキ *Microconocephalopsis yuwanensis* はやや似るが，♂の前胸後半は背面に丸くふくらみ，♂の尾肢は単純で，肛上板は三角形に突出する。体長約11mm。7月ごろ成虫。奄美大島（湯湾岳）に分布する。／上(♂)・下左(幼虫)・下右(♀)：石垣島 2005年5月

コウヤササキリモドキ *Kinkiconocephalopsis koyasanensis* ●ササキリモドキ科

♂の尾肢内歯はやや突出し，生殖下板に小さな棒状突起がある。♀の腹部第1～5腹板に小突起がある。体長♂ 12～16 mm，♀ 22～25 mm。ブナ帯～中間温帯の森林にすむ。8月ごろ成虫。本州（和歌山県，奈良県）に分布する。／上(♂)・下(♀)：和歌山県高野町 2009年8月

スズカササキリモドキ *Kinkiconocephalopsis matsuurai* ●ササキリモドキ

コウヤササキリモドキによく似るが，♂の尾肢内歯はやや幅広く，生殖下板に棒状突起はない。♀の腹部第1〜7腹板に小突起がある。体長9〜11 mm。ブナ帯〜中間温帯の森林にすむ。8月ごろ成虫。本州(近畿：紀伊半島および鈴鹿山地)に分布する。/上(♂)・下(♀)：奈良県大台ヶ原 2009年9月

シヅチササキリモドキ　*Shikokuconocephalopsis ishizuchiensis*　●ササキリモドキ科

♂の肛上板は小さく，尾肢は湾曲して大きな内歯が発達する。体長♂9〜10mm，♀6〜7mm。標高の高いブナ林にすむ。8月に成虫。四国北西部の山岳に分布する。
上(♂)・下(♀)：愛媛県石鎚山 2008年8月

オニササキリモドキ　*Shikokuconocephalopsis onigajyoensis*　●ササキリモドキ

イシヅチササキリモドキに似るが，♂の尾肢の内歯は幅広くて短め。体長♂8～11 mm，♀7～10 mm。中間温帯の林にすむ。8月に成虫。四国西南部(鬼ヶ城山，篠山)に分布する。シマントササキリモドキ *S. shimantoensis* はよく似るが，♂の尾肢の内歯は発達せず，肛上板は平たく発達する。体長♂9～10 mm，♀9～11 mm。照葉樹林帯上部の森林にすむ。8月に成虫。四国西部(高知県堂が森)に分布する。/上(♂)・下左(♂)・下右(♀)：高知県篠山 2009年7月

マギササキリモドキ　*Gibbomeconema odoriko*　　●ササキリモドキ科

前胸背板後部に褐色の斑紋があり，♂の第3腹部背板に黄褐色のコブがある。♂の尾肢は長くて単純。体長♂9～10 mm，♀10～11 mm。照葉樹林帯上部のスギ林にすむ。8～9月に成虫。本州(伊豆半島)に分布する。／左(♂)・右上(♂)・右下(♀)：静岡県伊豆半島 2005年9月

コバネササキリモドキ *Cosmetura fenestrata*　　●ササキリモドキ

クロスジコバネササキリモドキに似るが，♂肛上板の背面突起は小さく，尾肢内側の突起も小さい。体長♂12〜13 mm，♀8〜12 mm。照葉樹林帯上部の森林にすむ。8〜9月に成虫。北海道南部，本州(主に日本海側)，九州，佐渡島，対馬，隠岐などに分布する。/上(♂)・下左(♀)・下右(♂)：兵庫県篠山市 2009年8月

クロスジコバネササキリモドキ *Cosmetura ficifolia* ●ササキリモドキ科

背面に褐色の帯がある。♂の肛上板は黒褐色で背面小突起が発達し、尾肢の基部内側に三角形の突起がある。体長♂ 11 〜 15 mm，♀ 11 〜 14 mm。照葉樹林帯上部の森林にすむ。8 〜 9 月に成虫。本州（関東〜近畿の太平洋側）に分布する。／上(♂)・下左(♀)・下右(♂)：神奈川県丹沢山 2009 年 8 月

ハチジョウコバネササキリモドキ *Cosmetura mikuraensis hachijyoensis*　●ササキリモドキ

♂の肛上板は淡褐色で椀を伏せたように丸く，後縁中央に深いくぼみがある。体長 11〜12 mm。低木上にすむ。6〜8月に成虫。伊豆諸島八丈島に分布する。別亜種に，ミクラコバネササキリモドキ *C. m. mikuraensis*（伊豆諸島御蔵島），トシマコバネササキリモドキ *C. m. toshimaensis*（伊豆諸島利島）がある。／上(♂)・下(♀)：八丈島 2010年7月

オスミコバネササキリモドキ　*Cosmetura* sp.　●ササキリモドキ科

♂の尾肢の基部には後下方へ曲がる鋭い内歯がある。♂の肛上板は黄褐色で後縁は丸くくぼむ。鹿児島県大隅半島で 2009 年 8 月上旬にカシ類の樹上から発見された種。ヤクシマコバネササキリモドキ *C.* sp. はよく似るが，♂の肛上板は黒褐色。体長♂約 12 mm，♀約 16 mm。山地のスギ林にすむ。7〜8 月に成虫。屋久島に分布する。
上左(♂)・上右(♂)・下(♀)：鹿児島県南大隅町 2009 年 8 月

アマミコバネササキリモドキ　*Cosmetura amamiensis*　●ササキリモドキ

♂の肛上板は黒色か褐色で，中央背面は丸くふくれ，後縁に2つの小突起がある。体長♂11〜13 mm，♀10〜12 mm。照葉樹林の樹上にすむ。6〜8月に成虫。奄美大島，沖縄島に分布する。／上(♂)・下(♀)：奄美大島 2010 年 7 月

オウササキリモドキ　*Asymmetricercus suohensis*　●ササキリモドキ科

前胸背側には太い褐色の帯がある。♂の尾肢は褐色で不相称，肛上板はごく小さい。体長♂12〜14 mm，♀8〜12 mm。ブナ帯の森林に多いが，やや標高の低いところにもいる。8〜9月に成虫。本州(中国)に分布する。／上(♂)・下(♀)：鳥取県大山 2005年8月

キタササキリモドキ　*Tettigoniopsis forcipicercus*　　●ササキリモドキ

♂の肛上板は平板で下向き。♂尾肢は単純で先端がやや上方に曲がる。体長♂12～15mm，♀11～15mm。ブナ帯の森林にすむ。8～9月に成虫。本州(東北～近畿北部)に広く分布する。/上(♂)：山形県月山2007年9月，下左(♀)：神奈川県丹沢山2009年8月，下右(♀)：長野県上村(現 飯田市)2006年8月

ミナミササキリモドキ　*Tettigoniopsis hikosana*　●ササキリモドキ科

♂肛上板は平板で下向き。♂尾肢は先端が扁平で，下縁に小突起がある。体長♂11〜14mm，♀11〜12mm。低山の照葉樹林帯〜ブナ帯の森林にすむ。8〜9月に成虫。九州(西部を除く)に広く分布する。／上(♂)・下(♀)：大分県久住町(現 竹田市)2008年9月

165

エヒコノササキリモドキ *Tettigoniopsis ehikonoyama* ●ササキリモドキ

ミナミササキリモドキに似るが，♂の尾肢先端は，ややとがって内側に湾曲する。体長♂12〜14 mm，♀11〜13 mm。ミナミササキリモドキよりも標高の高いブナ林にすむ。8月に成虫。九州北部(英彦山，脊振山)に分布する。／上(♂)・下左(羽化直後の♂)・下右(♀)：佐賀県脊振山 2009 年 7 月

ウンゼンササキリモドキ　*Tettigoniopsis ikezakii*　●ササキリモドキ科

♂の肛上板は先端が後方に大きく広がり，尾肢は大きく2叉する。体長♂11～13 mm，♀約13 mm。照葉樹林帯上部にすむ。8～9月に成虫。九州西部(佐賀県，長崎県)に分布する。／上(♂)・下左(♂)・下右(♀)：佐賀県厳木町(現唐津市)2009年7月

ホンシュウフタエササキリモドキ *Tettigoniopsis kurosawai* ●ササキリモドキ

♂の肛上板は縦に折れ曲がり，先端部で2重のようになる。尾肢は単純。体長♂10〜13 mm，♀9〜13 mm。中間温帯〜ブナ帯の森林にすむ。8月に成虫。本州(近畿北部，中国東部)に分布する。／上(♂)・下右(♀)：兵庫県氷ノ山2005年8月，下左(♂)：京都府京都市左京区2009年8月

ニヒメフタエササキリモドキ *Tettigoniopsis ehimensis* ●ササキリモドキ科

ホンシュウフタエササキリモドキに似るが，♂の肛上板はより突出し，先端の側面は大きく2叉した形。体長♂9～11 mm，♀8～10 mm。中間温帯の林にすむ。8月に成虫。四国(愛媛県中北部)に分布する。/(♂)：愛媛県久万高原町 2008年8月

ササキリモドキの驚異

　ササキリモドキというと，『バッタ・コオロギ・キリギリス大図鑑』が出版されるまでは，ほとんど図鑑類に掲載されたことがない，なじみのうすい直翅目である。特に翅の短い種では，ごく限られた地域のみ分布するものがほとんどで，そのため，多くが最近になって発見されたものなので，なじみのうすいのも無理はない。

　短翅ササキリモドキの多様性は西日本の山地において著しい。ことに四国での多様性は驚異的で，違う山に登るたびに違う種が見つかる，といってもいいくらいである。一方で，本州中部以北の山には，キタササキリモドキなどのごく少ない種しか生息していない。ササキリモドキはブナ林などの涼しい森林を好むことが多く，西日本では標高の高い山の上に分布が限られ，それぞれが孤立して独自の種に分化した，と考えるのは間違いではないだろうが，四国のササキリモドキの複雑さを見ると，分布の周縁で隔離された個体群が単純に分化したととらえるのは無理があるように思える。将来の研究を待たねばならないが，西日本の山地こそがササキリモドキのふるさとであり，一部の種がブナ林の拡大とともにいっきに北日本へ分布を拡大したとも見えるのである。そう考えると，四国の多様性もさることながら，小さな飛べない体ではるばる東北地方まで分布を拡大したキタササキリモドキの方こそ驚異という気がしてくる。

クニサキフタエササキリモドキ　*Tettigoniopsis kunisakiensis*　●ササキリモドキ

アシズリフタエササキリモドキやエヒメフタエササキリモドキに酷似するが，♂肛上板の先端は長く伸長する。体長♂10〜12 mm，♀約10 mm。照葉樹林帯上部の林にすむ。8〜9月に成虫。九州(国東半島)に分布する。／上(♂)・下左(♀)・下右(♂)：大分県国東半島 2009年7月

シズリフタエササキリモドキ *Tettigoniopsis ashizuriensis* 　●ササキリモドキ科

エヒメフタエササキリモドキに酷似するが，♂の肛上板先端側面は丸くはり出す。体長♂約10 mm，♀9〜10 mm。照葉樹林帯上部の林にすむ。8月に成虫。四国(高知県今ノ山)に分布する。愛媛県西海町の低山からエヒメフタエササキリモドキとの中間的特徴をもつ個体が得られている。／上(♂)・下左(♀)・下右(♂)：高知県土佐清水市 2009年7月

171

ハダカササキリモドキ *Tettigoniopsis hiurai*　　●ササキリモド

♂の尾肢は基部の小さい突起を除いて内歯はなく単純。体長♂ 10 ～ 13 mm，♀ 8 ～ 12 mm。中間温帯～ブナ帯の林にすむ。8 月に成虫。本州(中国)，四国中部に分布する。
上(♂)・下(♀)：愛媛県久万高原町 2008 年 7 月

ワササキリモドキ　*Tettigoniopsis uwaensis*　●ササキリモドキ科

ハダカササキリモドキに似るが，♂の尾肢には小さいが鋭い内歯がある。体長♂ 10 〜 11 mm，♀ 8 〜 12 mm。中間温帯の林にすむ。8月に成虫。四国南西部（鬼ヶ城山，篠山）に分布する。／上(♂)・下(♀)：高知県篠山 2009 年 7 月

クロダケササキリモドキ　*Tettigoniopsis kurodakensis*　ササキリモド

♂の肛上板は後方へ伸びてY字型に2叉する。体長13〜14mm。8〜9月に成虫。中間温帯〜ブナ帯の林にすむ。九州(九重・祖母山系)に分布する。/上(♂)・下(♀):大分県久住町(現 竹田市)2008年9月

トコブササキリモドキ *Tettigoniopsis kongozanensis kongozanensis* 🔵ササキリモドキ科

♂の肛上板はコブ状に後方へ突出し，尾肢に平たい内歯がある。体長♂ 10〜15 mm，♀ 9〜12 mm。8〜9月に成虫。中間温帯〜ブナ帯の林にすむ。本州（中部，近畿）に分布する。セッピコササキリモドキ *T. k. seppikoensis*（兵庫県雪彦山）がある。高知県東部からも記録されたが，これは別種（未記載）と思われる。／上(♂)：奈良県上北山村 2008年8月，下(♀)：奈良県金剛山 2007年8月

アワジササキリモドキ　*Tettigoniopsis kongozanensis awajiensis*　●ササキリモドキ

ヒトコブササキリモドキの亜種で，♂の肛上板はより大きく突出する。体長♂11〜12 mm，♀約11 mm。7〜8月上旬に成虫。照葉樹林の低木上にすむ。兵庫県淡路島に分布する。／上(♂)・下(♀)：淡路島 2010年7月

コクササキリモドキ *Tettigoniopsis miyamotoi miyamotoi* 　●ササキリモドキ科

♂肛上板は後方へ突出して小さく2叉し，尾肢には肛上板後縁よりも後方に三角形の内歯がある。体長♂10〜13mm，♀7〜11mm。7〜8月上旬に成虫。中間温帯〜ブナ帯の林にすむ。四国(徳島県：鮎喰川と勝浦川の間の山地，愛媛県松山市)に分布する。／上(♂)・下(♀)：徳島県佐那河内村2009年7月

コオツササキリモドキ *Tettigoniopsis miyamotoi kotsusana* ●ササキリモドキ

シコクササキリモドキに似るが，♂の尾肢内歯は肛上板後縁よりも前方にある。体長♂10〜13 mm，♀8〜12 mm。7〜8月上旬に成虫。中間温帯〜ブナ帯の林にすむ。四国（徳島県：穴吹川と鮎喰川の間の山地）に分布する。／上(♂)・下(♀)：徳島県吉野川市 2008年7月

ニョタイササキリモドキ *Tettigoniopsis nyotaiensis* ●ササキリモドキ科

♂の肛上板は大きく2叉する。体長♂9〜13mm, ♀8〜12mm。7〜8月上旬に成虫。中間温帯の明るい林にすむ。四国(香川県矢筈山)に分布する。/上(♂)・下左(♂)・下右(♀): 香川県長尾町(現さぬき市)2009年7月

ツルギササキリモドキ *Tettigoniopsis tsurugisanensis* ●ササキリモドキ

ニョタイササキリモドキに似るが，♂肛上板の叉状部はより太く，尾肢はより太い。体長♂11〜13 mm，♀約12 mm。8月下旬〜9月上旬に成虫。ブナ帯以上の針葉樹林のササ群落にすむ。四国(徳島県剣山)に分布する。／上(♂)・右下(♂)：徳島県剣山2002年8月

ナヌキササキリモドキ *Tettigoniopsis sanukiensis* ササキリモドキ科

♂肛上板の先端はやや細く後方へ突出し，尾肢には細長い内歯がある。体長♂10〜12 mm，♀10〜14 mm。7〜8月に成虫。照葉樹林帯〜ブナ帯の幅広い林にすむ。四国(香川県西部，徳島県西南部，愛媛県東部，高知県ほぼ全域)に分布する。/上(♂)・下(♀)：徳島県海南町(現 海陽町)2008年7月

トササキリモドキ　*Tettigoniopsis tosaensis*　　●ササキリモドキ

イヨササキリモドキに似るが、♂肛上板はやや小さい。体長♂12〜13mm，♀11〜14mm。8月に成虫。照葉樹林帯〜中間温帯の林にすむ。四国（愛媛県中部，高知県中西部）に分布する。／上(♂)・下(♂)：愛媛県久万高原町 2008年7月

ヨササキリモドキ　*Tettigoniopsis iyoensis*　●ササキリモドキ科

♂肛上板は非常に大きく発達し，尾肢先端近くまで達する。体長♂ 13～15 mm，♀ 11～12 mm。7月下旬～8月に成虫。中間温帯～ブナ帯の林にすむ。四国（石鎚山地）に分布する。／上(♂)・下(♀)：高知県いの町 2008年7月

テングササキリモドキ　*Tettigoniopsis ryomai*　　●ササキリモドキ

♂肛上板は先端が末広がりにはり出す。体長♂15〜16 mm，♀11〜15 mm。8月に成虫。ブナ帯の森林にすむ。四国（愛媛県大川嶺，高知県天狗高原など）に分布する。学名は，坂本龍馬に因む。／上左(♂)・上右(♂)・下(♀)：高知県東津野村(現 津野町)2007年8月

ダイセンササキリモドキ　*Tettigoniopsis daisenensis*　●ササキリモドキ科

♂の肛上板は大きく2叉し，2つのコブ状になる。体長♂12〜14 mm，♀11〜15 mm。7月下旬〜8月に成虫。ブナ帯の森林にすむ。本州(中国地方：大山周辺)に分布する。／上(♂)・下左(♀)・下右(♂)：鳥取県大山2009年7月

ヤエヤマササキリモドキ	ユワンササキリモドキ	コウヤササキリモドキ	スズカササキリモドキ	イシヅチササキリモドキ
オニササキリモドキ	シマントササキリモドキ	アマギササキリモドキ	クロスジコバネササキリモドキ	コバネササキリモドキ
スオウササキリモドキ	ハチジョウコバネササキリモドキ	アマミコバネササキリモドキ	キタササキリモドキ	ミナミササキリモドキ
ウンゼンササキリモドキ	エヒコノササキリモドキ	ホンシュウフタエササキリモドキ	エヒメフタエササキリモドキ	クニサキフタエササキリモドキ

短翅ササキリモドキ類♂の尾端①

ズリフタエササキリモドキ	 ハダカササキリモドキ	 ウワササキリモドキ	 ヒトコブササキリモドキ	 クロダケササキリモドキ
 クササキリモドキ	 アワジササキリモドキ	 コオツササキリモドキ	 ニョタイササキリモドキ	 トササキリモドキ
 ヌキササキリモドキ	 ツルギササキリモドキ	 イヨササキリモドキ	 テングササキリモドキ	 ダイセンササキリモドキ

短翅ササキリモドキ類♂の尾端②

● ササキリモドキ科①

ヒルギササキリモドキ上♂下♀	 ムサシセモンササキリモドキ上♂下♀	 ムツセモンササキリモドキ上♂下♀

●ササキリモドキ科②（種名はヒメツユムシが付くもの以外はササキリモドキを省略）

スルガセモン上♂下♀　　ササキリモドキ上♂下♀　　セスジ上♂下♀

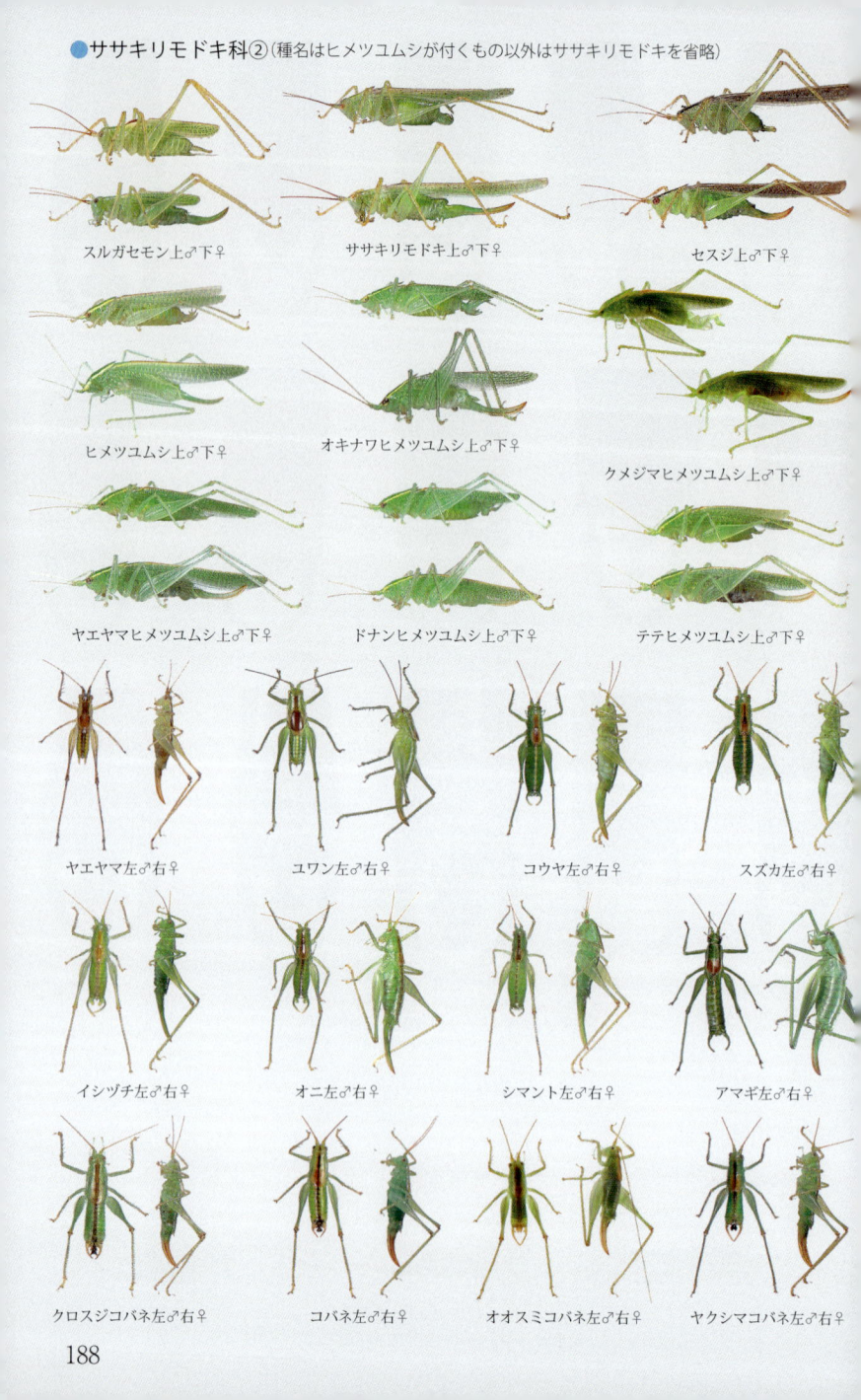

ヒメツユムシ上♂下♀　　オキナワヒメツユムシ上♂下♀　　クメジマヒメツユムシ上♂下♀

ヤエヤマヒメツユムシ上♂下♀　　ドナンヒメツユムシ上♂下♀　　テテヒメツユムシ上♂下♀

ヤエヤマ左♂右♀　　ユワン左♂右♀　　コウヤ左♂右♀　　スズカ左♂右♀

イシヅチ左♂右♀　　オニ左♂右♀　　シマント左♂右♀　　アマギ左♂右♀

クロスジコバネ左♂右♀　　コバネ左♂右♀　　オオスミコバネ左♂右♀　　ヤクシマコバネ左♂右♀

●ササキリモドキ科③（種名はササキリモドキを省略）

ミクラコバネ♂右♀　　ハチジョウコバネ♂右♀　　トシマコバネ♂　　アマミコバネ♂右♀

スオウ♂右♀　　キタ♂右♀　　ミナミ♂右♀　　エヒコノ♂右♀

ウンゼン♂右♀　　ホンシュウフタエ♂右♀　　エヒメフタエ♂右♀　　アシズリフタエ♂右♀

ニサキフタエ♂右♀　　ハダカ♂右♀　　ウワ♂右♀　　クロダケ♂右♀

ヒトコブ♂右♀　　セッピコ♂右♀　　アワジ♂右♀　　シコク♂右♀

189

● ササキリモドキ科④（種名はササキリモドキを省略）

コオツ左♂右♀　　ニョタイ左♂右♀　　ツルギ左♂右♀　　サヌキ左♂右♀

トサ左♂右♀　　イヨ左♂右♀　　テング左♂右♀　　ダイセン左♂右♀

バッタ標本の撮影法

用意するもの

1. デジタルカメラ（マクロ機構がついたもの）フォーカスやシャッタースピードなどがマニアル（M）になるものが使いよい。
2. 光源（電球，LEDライト，ストロボなど）同じタイプを2灯。
3. 無反射ガラス（A5程度の大きさ）。
4. A4サイズくらいの白い紙。
   - A4サイズの白い紙を床に水平に置き，バック紙とする。
   - バック紙から10〜15cm離して，無反射ガラスを床と平行にセットする。
   - 無反射ガラスの上に標本を置く。
   - 左右45度の角度で光源をセットし，バック紙にできる標本の影が，カメラのフレーム内になければ，それでOK。後は，シャッターを切れば，標本に影のない写真が仕上がる。光源の強さによって高速シャッターを使えないときは，光源をストロボにするか，三脚を使うことをお勧めする。高等なテクニックになるが，標本にして間もないやわらかい状態のものは，透明な両面テープをガラスに貼り，そこに脚などを固定すると，綺麗に展脚できた標本写真に仕上がる。

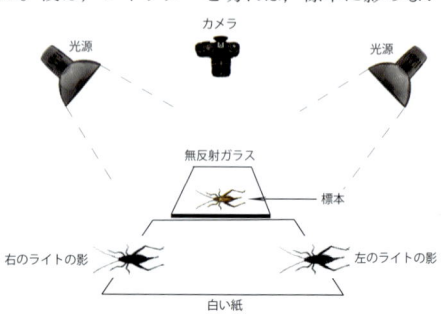

懐中電灯遍歴

　鳴く虫の観察には夜間の山歩きがつきもの。ここで欠かせない道具といえば，懐中電灯である。その良し悪しは成果を左右するのみならず，場合によっては命にかかわるので，よいものを使いたい。できるだけ明るくて，小型軽量で，電池が長持ちで，故障が少なくて，ランニングコストが安いのがよい。

　最初に使っていたのは，いわゆる「強力ライト」と呼ばれるもので，単一乾電池4個直列で電球タイプ。これは，明るくて実用できるが，やや重くて大きかった。もう少し軽くしたい。

　そこで，スペーサーを使ってみた。これは単三を単一サイズのケースに入れて，単一として使うもの。ついでに，アルカリ乾電池からニッケル水素充電池にした。単一4個に比べると，かなり軽く，電池のランニングコストも下がった。これはそれなりに使えるが，懐中電灯の筐体が大きいのは変わらないし，電池切れが早い。また，充電池はアルカリより電圧が低いせいか，アルカリに比べるとちょっと暗い。

　筐体がどうせ大きいなら，もう少しスペースを有効に使おうと考えた。単三4個用電池ケースを2個詰め込み，ハンダで配線した。単三8個直列だ。電球をそれなりのものに交換して点灯すると，すばらしく明るい。軽量化という当初の目的に反しているが，明るいのはうれしい。しかし，電池切れが早いのは変わらない。夜の山の中で電灯を分解して電池8本交換するのはとても煩雑。また，どうもスイッチのトラブルが多い。内部に熱がこもって微妙に歪んでくるのが原因らしい。

　ちょうどこのころ，LEDの懐中電灯が普及してきた。電球型懐中電灯の改造からあっさり方針を変えて，いろいろ試してみる。小型軽量すぎるものは光量が足りない。小さいLEDの玉をたくさん並べた機種はそれなりに明るいが，手元を広く照らすには適していても，遠くに光がとどかない。ハイパワーのLEDを1つだけ使用したものは比較的遠くまで照らすことができ，夜の虫探しに使えそうだ。

　現在のところ，筆者の懐中電灯ラインナップは次のとおりである。虫を探すメインライトとして，光が遠くに届くハイパワーLED 1個タイプを手持ちで1つと，予備をかばんの中に1つ。これは自転車のヘッドライト用のものを流用している。手元を広めに照らすために，多球型LEDのヘッドライトを頭につける。撮影時のピント合わせ用にはカメラのレンズの先に小型軽量タイプを1つ取り付ける。これだけ持って行っても，さほど重くならないところがLEDのありがたいところである。

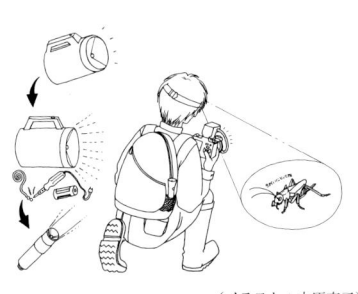

（イラスト：中原直子）

●クツワムシ科 Mecopodidae

大型。草食性で夜行性。大きな翅が発達し，非常に大きな声で鳴く。日本には2種が生息する。

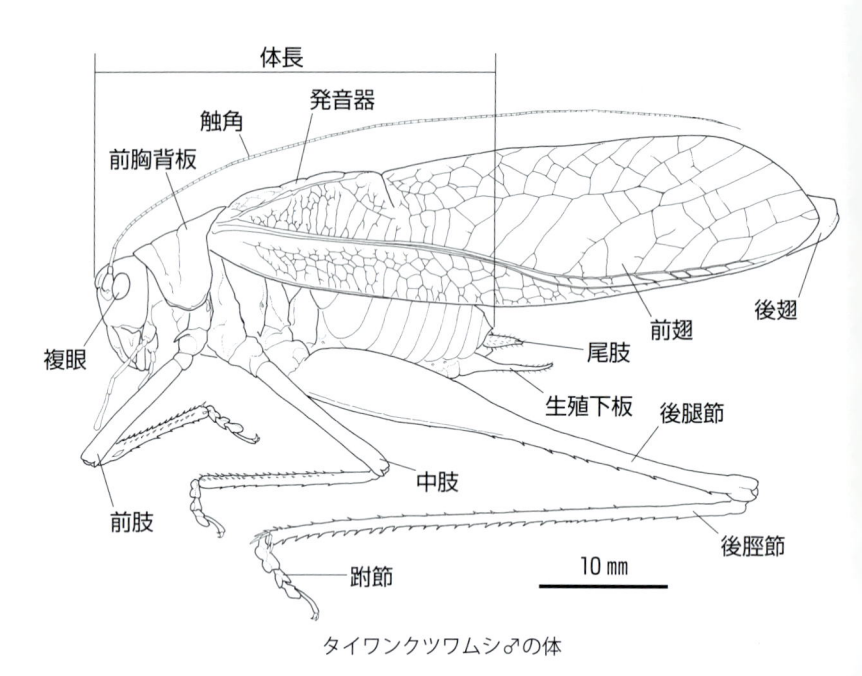

体長 / 触角 / 発音器 / 前胸背板 / 複眼 / 前肢 / 跗節 / 中肢 / 生殖下板 / 尾肢 / 前翅 / 後翅 / 後腿節 / 後脛節

10 mm

タイワンクツワムシ♂の体

タイワンクツワムシ♀　タイワンクツワムシ♂　クツワムシ♂　クツワムシ♂

タイワンクツワムシ♀　クツワムシ♀

タイワンクツワムシ　*Mecopoda elongata* ●クツワムシ科

緑色型と褐色型がある。♂の翅はクツワムシよりも細長い。♀の翅にはしばしば不定形の黒斑がある。産卵器はやや上にそる。前胸の側面上部に黒斑が発達することでもクツワムシと見分けられる。体長50〜75 mm。夜間、ギー・ギーという前奏の後ギュルルルル…と連続して鳴く。成虫で越冬し、秋〜春に成虫。林内や林床の下草に普通。本州南岸、四国、九州南部、八丈島、南西諸島に分布する。／上(♂)：高知県沖ノ島1998年9月，中(♀)・下右(♂)：西表島2008年10月

クツワムシ　*Mecopoda niponensis*　　●クツワムシ

緑色型と褐色型がある。♂の翅は幅広くて丸い。産卵器はタイワンクツワムシよりまっすぐ。体長 50 〜 53 mm。夜間にガシャガシャ…と連続して鳴く。秋に成虫。林縁や丈の高い草原にすむ。本州，四国，九州，対馬，隠岐に分布する。/ 上(♂)・下右(♀)：淡路島 2007 年 9 月，下左(♀)：京都府精華町 2006 年 10 月

●ヒラタツユムシ科 Pseudophyllidae

樹上性で，植物に擬態するものが多い。熱帯系のグループで，日本では1種のみ分布する。

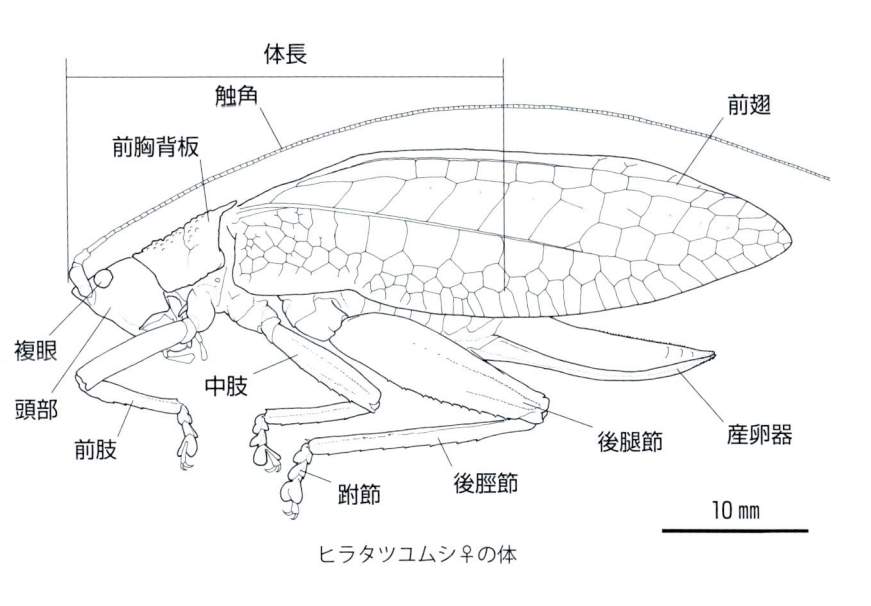

図中ラベル: 体長／触角／前胸背板／前翅／複眼／頭部／前肢／中肢／跗節／後脛節／後腿節／産卵器／10 mm

ヒラタツユムシ♀の体

ヒラタツユムシ♂
ヒラタツユムシ♂
ヒラタツユムシ♀
ヒラタツユムシ♀

195

ヒラタツユムシ *Togona unicolor* ●ヒラタツユムシ

体は緑色で円筒形だが，翅を扁平に伏せて肢を隠し，葉に擬態するポーズをとる。体長27～33 mm。チーとかジッと鳴くが，頻繁には鳴かない。夏～冬に成虫。よく茂った林縁部のマント群落に多い。奄美大島，沖縄島，久米島，石垣島，西表島に分布する。
上(♂)：奄美大島 2010年8月，下左(♂)：久米島 2009年7月，下右(♀)：奄美大島 2010年10月

そっくり！

　ヒラタツユムシ科は東南アジアなどの熱帯に多くの種がいる。熱帯の種は巧妙に周囲の環境に体を似せて姿をかくすものが多い。これほど見事なものはなかなかいないが，日本の直翅目もそれなりに植物や砂などに体を似せている。

葉や樹幹にそっくりな，マレーシアにすむヒラタツユムシの仲間（左・右：海野和男）

朽木にそっくりな
オキナワヒラタヒシバッタ

砂にそっくりな
ハマスズの幼虫

色彩多型

　同じ種でも緑色や茶色などさまざまな色彩の個体がいることがしばしばあり，色彩多型とか色彩変異とよばれる。だから名前を調べるのに体の色や模様はあまりあてにできないのだが，色彩多型の傾向は種ごとに異なっていて比較すると面白い。クツワムシやショウリョウバッタなどでは緑から褐色までさまざまな色彩の個体が普通にいる。ササキリはほとんどが緑色型だが，黄色型がまれに見つかる。このような顕著な色彩多型が知られていない種もまた多いが，だからといってその種には多型がないとは断言できない。緑色のエンマコオロギがこの世のどこかにいるかもしれないのである。

茶褐色型

緑色型

淡緑色型

緑色型

黄色型

クツワムシの色彩多型　　　　　ササキリの色彩多型

●ツユムシ科 Phaneropteridae

中～大型。翅はよく発達し，後翅端が前翅からはみ出ている種が多い。産卵器は剣状で強く上反し，植物の組織の中や樹皮下に産卵する。日本産は全種発音するが，鳴き声はあまり目立たない。ほとんどの種で♀も発音する。

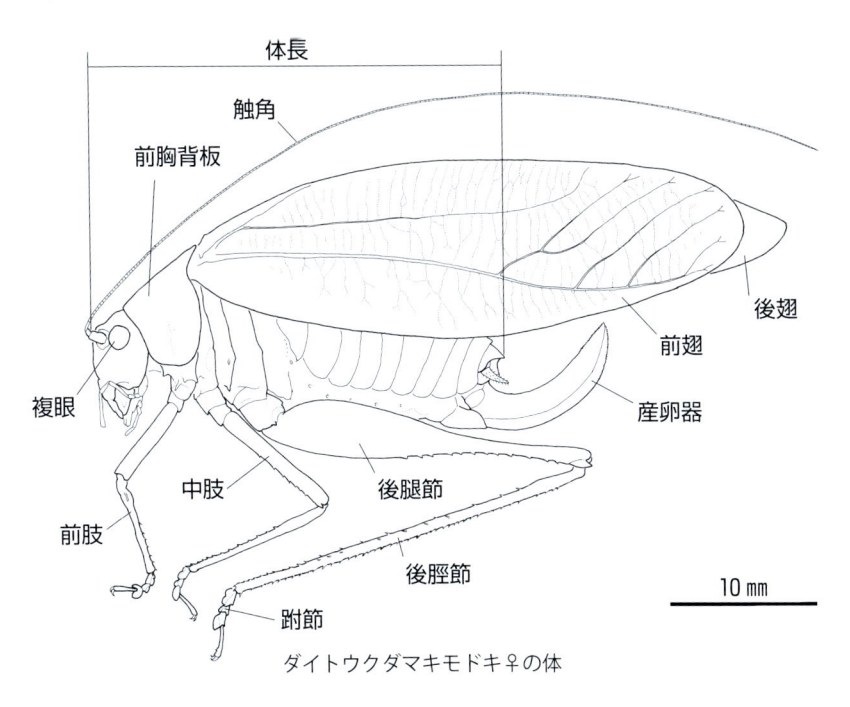

図中ラベル: 体長／触角／前胸背板／後翅／前翅／産卵器／複眼／中肢／後腿節／前肢／後脛節／跗節

ダイトウクダマキモドキ♀の体

10 mm

アシグロツユムシ♂　セスジツユムシ♂　ヤエヤマヘリグロツユムシ♀　ナカオレツユムシ♂

ツユムシ *Phaneroptera falcata*

緑色型のみ。♂尾肢は先端がとがり，強く上反する。体長 13～15 mm。夏～秋に成虫。暖地では年2化。♂はピチッ・ピチッ…と小さく鳴く。明るい草地に普通。北海道，本州，四国，九州，隠岐，対馬，種子島，奄美大島に分布する。/ 上(♂)：京都府八幡市 2008年8月，下(♀)：京都府八幡市 2009年9月

アシグロツユムシ　*Phaneroptera nigroantennata*　　ツユムシ科

ツユムシに似るが，肢は褐色を帯びる。若齢幼虫は独特の黒斑がある。体長15〜17 mm。夏〜秋に成虫。暖地では年2化。♂はチーチーと鳴くが聞き取りにくい。山地の林縁の低木や草の上に普通。北海道（まれ），本州，四国，九州，佐渡島，隠岐，対馬に分布する。／上(♂)：奈良県神野山 2009年9月，下(♀)：兵庫県川西市 2007年10月

アカアシチビツユムシ　*Phaneroptera trigonia*

前肢腿節が赤い小型のツユムシ。体長 10 〜 14 mm。5 〜 6 月，10 〜 12 月に成虫。♂は高音でチー・チーと断続的に鳴く。海岸林や低地の二次林縁などにすむ。石垣島，西表島に分布する。／上（♂）：西表島 2010 年 6 月，下左（♀）・下右（♀）：石垣島 2008 年 10 月

ュウキュウツユムシ　*Phaneroptera gracilis*　　●ツユムシ科

ツユムシによく似るが，♂の尾肢はゆるやかに上反する。体長 13～16 mm。周年成虫。鳴き声はツユムシと似る。開けた草地にすむが，局所的。南西諸島に分布する。/(♂)：奄美大島 2007 年 10 月

ツマグロツユムシの 1 種　*Deflorita* sp.

セスジツユムシに似る。ほぼ同じ大きさであるが，頭部や翅の基部，腹部などに褐色にふちどられた白斑があり，翅端が褐色。2008 年の夏に，大阪府堺市鉢ヶ峰公園墓地に数頭の♀が現れたが，翌年には姿を現さなかった。同じ属のツユムシは台湾や中国南部，東南アジアなどに多くの種が知られており，そういった地方からの外来種と思われる。♂が採集されていないので，種の同定には至っていない。(市川顕彦)

オキナワツユムシ　*Phaneroptera okinawensis*

前肢が赤みを帯びる。♂の尾肢は複雑。体長 14 〜 17 mm。春〜秋に断続的に採集例がある。鳴き声は不明。石灰岩地の林の潅木にすむが局所的。沖縄島，久米島に分布する。／上（♂）：久米島 2009 年 6 月，下（♀）：沖縄島 2003 年 10 月

スジツユムシ　*Ducetia japonica*　　●ツユムシ科

緑色型と褐色型がある。背中は♂では茶褐色，♀では黄褐色。体長 13 〜 22 mm。本州では秋に成虫，沖縄では 6 月と 10 月ごろ成虫。♂の鳴き声は変化があり，最初チッ・チッ・チッ…と鳴き始め，テンポを速めて最後にジチージチージチーと鳴いて終わる。林縁のマント群落に普通。本州，四国，九州，佐渡島，伊豆諸島，対馬，南西諸島に分布する。／上(♂)：三重県紀和町(現 熊野市)2002 年 9 月，右中(♂)・下(♀)：兵庫県猪名川町 2008 年 9 月

205

ウンゼンツユムシ　*Ducetia unzenensis*

セスジツユムシよりも大きく，一見エゾツユムシに似るが，♂の尾端部が異なる。♀の後翅は前翅からはみ出す。緑色型と褐色型がある。体長17〜23mm。秋に成虫。♂はツ・ツ・ツ…と鳴き始め，ジキー・ジキー・ジキーと鳴き終える。山地の林縁部の低木上にすむ。四国，九州に分布する。／上(♂)・下左(♀)・下右(♂)：大分県久住町2008年9月

206

ニンツユムシ　*Ducetia boninensis*　　　　　　　　　　　　　　　　●ツユムシ科

セスジツユムシに似るが，♂の尾端部や翅脈が異なる。体長約 31 mm。鳴き声もセスジツユムシに似る。林縁の低木上にすむ。小笠原諸島父島・母島に分布する。／上(♂)：小笠原諸島母島 2007 年 5 月(尾園 暁)，下(♂)：小笠原諸島母島 2005 年 5 月(尾園 暁)

エゾツユムシ　*Kuwayamaea sapporensis*

♀の後翅は前翅からほとんどはみ出さない。緑色型のみ。体長 16〜33 mm。8月ごろに成虫。♂はツーツーチキ・ツーツーチキと繰り返して鳴く。主に山地の林縁にすむが，時に平地の河川敷の草原にもいる。北海道，本州，四国，九州，対馬に分布する。／上（鳴く♂）・下（♀）：奈良県野迫川村 2005年8月

ホソクビツユムシ　*Shirakisotima japonica*　　●ツユムシ科

♂は足が長く，触角にところどころ白色部がある。肢は褐色を帯びる。体長18〜26 mm。夏に成虫。♂は昼間にツー・ツー・ツー・チキッと鳴く。山地性で主にブナ帯の樹上に普通。本州，四国，九州，佐渡島，屋久島に分布する。／上(♂)：奈良県金剛山 2007年8月，下(♀)：愛媛県石鎚山 2008年8月

ヤエヤマオオツユムシ　*Elimaea yaeyamensis*　ツユムシ

翅に小黒点を散らす。触角は黒く，ところどころに白色部がある。体長 20～23 mm。5～6月に成虫。♂は夜にヂッチョ・ヂッチョ…と数回鳴く。照葉樹林の林内や林縁の低木上にすむ。石垣島，西表島に分布する。／上(♂)・下(♀)：西表島 2010 年 6 月，左中(♂)：西表島 2006 年 5 月

ダイトウクダマキモドキ   *Phaulula daitoensis*   ●ツユムシ科

翅は幅広く，つやを帯びている。産卵器は長く弧状に上反する。体長 20〜24 mm。ほぼ周年成虫。♂と♀はシュ・シュ・シュ…，タ・タ・タ…と鳴き交わす。低地の広葉樹上に普通。伊豆諸島八丈島，南西諸島に分布する。／上(♂)：石垣島 2008 年 10 月，下(♀)：沖縄島 2007 年 8 月

ヒメクダマキモドキ　*Phaulula macilenta*　●ツユムシ

ダイトウクダマキモドキに似るが，やや小型で，産卵器はそれほど弧状にならない。体長 19～23 mm。本州では秋に成虫。♂と♀はシュ・シュ・シュ…，ピチ・ピチ・ピチ…と鳴き交わす。海岸の広葉樹の樹上に多いが，最近は都市公園などの緑地でもよく見られる。本州（房総半島以西），四国，九州，伊豆諸島，小笠原諸島，対馬，薩南諸島，琉球諸島に分布する。琉球諸島では少ない。小笠原諸島には近似の別種が数種いる。
上（♂）・下（♀）：大阪府岬町 2006 年 10 月

ナトクダマキモドキ　*Holochlora japonica*　●ツユムシ科

前腿節は通常緑色。まれに黄色型がある。体長45〜62 mm。秋に成虫。♂はピン・ピン・ピンと鳴く。平地や低山地の広葉樹上にすむ。本州(中南部)，四国，九州，佐渡島，伊豆諸島，隠岐，対馬，奄美大島などの薩南諸島に分布する。／上(♂)：兵庫県川西市2006年8月，下(♀)：和歌山県かつらぎ町 2006年10月

ヤマクダマキモドキ　*Holochlora longifissa*　ツユムシ

サトクダマキモドキに似るが，前腿節は赤褐色で，♂尾端や産卵器の形態が異なる。体長 52 〜 53 mm。秋に成虫。♂はチッチッチッ…と鳴く。サトクダマキモドキよりも山地にすむ傾向があるが，海岸付近にいることもある。広葉樹の樹上にすむ。本州(中南部)，四国，九州，佐渡島，対馬に分布する。／上(♂)：兵庫県川西市 2007 年 9 月，下(♀)：兵庫県川西市 2007 年 10 月

214

ヘリグロツユムシ　*Psyrana japonica*　　　　　　　　　　　　　　　●ツユムシ科

前胸背板後縁に黒いふちどりがある。♂の前翅発音部は褐色。体長 24〜31 mm。8〜9月に成虫。♂はグシュルルと一声鳴く。広葉樹上にすむ。本州，四国，九州，隠岐，対馬，薩南諸島に分布する。／上(♂)：静岡県伊豆半島 2009 年 8 月，下(♀)：神奈川県丹沢山 2009 年 8 月

215

アマミヘリグロツユムシ　*Psyrana amamiensis*

前胸背後縁の黒帯は不明瞭。体長39〜42 mm。7月ごろに成虫採集例がある。♂はシュルルルと鳴く。照葉樹上にすむ。奄美大島，徳之島，沖永良部島に分布する。/ 上(♂)・下(♀)：奄美大島 2008年6月

キナワヘリグロツユムシ　*Psyrana ryukyuensis*　●ツユムシ科

♂の尾肢は分枝が細長く，大きく開く。体長♂43〜47 mm。5〜7月に成虫が多い。
♂はシュルル…と鳴く。照葉樹の樹上や低木上にすみ，個体数は多い。沖永良部島，
沖縄島，渡嘉敷島，久米島に分布する。／上(♂)・下左(♀)：久米島 2009年6月，下右(幼虫)：沖縄島
2008年4月

ヤエヤマヘリグロツユムシ　*Psyrana yaeyamaensis yaeyamaensis*

オキナワヘリグロツユムシに似るが，前胸背後縁の黒帯は中央でくびれがある。体長 50〜59 mm。5〜6月に成虫。鳴き声もオキナワヘリグロツユムシに似る。樹上にすむがあまり多く見られない。石垣島に分布する。ヤエヤマヘリグロツユムシ与那国亜種 *P. y. terminalis* は♂の尾肢や生殖下板がより長く，与那国島に分布する。／上(♂)・下(♀)：石垣島 2006年5月

エヤマヘリグロツユムシ西表亜種 *Psyrana yaeyamaensis iriomoteana* ツユムシ科

ヤエヤマヘリグロツユムシの亜種で，♂の尾肢の下の分枝がより長い。西表島に分布する。／上(♂)・下(♀)：西表島 2010年6月

サキオレツユムシ　*Isopsera sulcata*

♂の尾肢は分枝せず，先端付近で内側に曲がる。産卵器は短い。体長20〜26 mm。4〜7月に成虫。♂はチキッ・チキッと鳴く。樹上にすみ，灯火によく来る。南西諸島に分布する。／上(♂)・下左(♀)・下右(♀)：奄美大島2008年6月

カオレツユムシ　*Isopsera denticulata*　　　ツユムシ科

♂の尾肢は分枝せず，全体が弧状に内側へ曲がる。産卵器は長い。体長 23 〜 29 mm。5 〜 8 月に成虫。♂はシュリリリッと鳴く。樹上にすみ灯火に来る。南西諸島に分布する。/ 上(♂)：石垣島 2007 年 6 月，下(♀)：種子島 2010 年 8 月

タイワンクダマキモドキ *Ruidocollaris truncatolobata* ツユム

非常に大型。産卵器は幅広くて短い。体長 65 〜 70 mm。7 月に成虫が得られている。鳴き声は不明。樹上性と思われ，灯火に来る。高知県西南部，九州（宮崎県，鹿児島県），奄美大島で少数採集されている。日本では♂は採集されていない。/ 上(♂)・下左(♂)・下右(♂)：高知県土佐清水市 2006 年 8 月

●ツユムシ科①

ツユムシ上♂下♀　　アシグロツユムシ上♂下♀　　リュウキュウツユムシ上♂下♀

アカアシチビツユムシ上♂下♀　　オキナワツユムシ上♂下♀　　セスジツユムシ上♂下♀

ウンゼンツユムシ上♂下♀　　ムニンツユムシ上♂下♀　　エゾツユムシ上♂下♀

ホソクビツユムシ上♂下♀　　ヤエヤマオオツユムシ上♂下♀

ダイトウクダマキモドキ♂　　ダイトウクダマキモドキ♀

223

●ツユムシ科②

ヒメクダマキモドキ♂　　　　　　　ヒメクダマキモドキ♀

サトクダマキモドキ♂　　　　　　　サトクダマキモドキ♀

ヤマクダマキモドキ♂　　　　　　　ヤマクダマキモドキ♀

ヘリグロツユムシ♂　　　　　　　　ヘリグロツユムシ♀

アマミヘリグロツユムシ♂　　　　　アマミヘリグロツユムシ♀

オキナワヘリグロツユムシ♂　　　　オキナワヘリグロツユムシ♀

ヤエヤマヘリグロツユムシ基亜種♂　ヤエヤマヘリグロツユムシ西表亜種♀　ヤエヤマヘリグロツユムシ与那国亜種♂

●ツユムシ科③

サキオレツユムシ♂ サキオレツユムシ♀
ナカオレツユムシ♂ ナカオレツユムシ♀
タイワンクダマキモドキ♂ タイワンクダマキモドキ♀

ツユムシ　アシグロツユムシ　アカアシチビツユムシ　リュウキュウツユムシ

オキナワツユムシ　セスジツユムシ　ウンゼンツユムシ

ムニンツユムシ　エゾツユムシ　ホソクビツユムシ

ヤエヤマオオツユムシ　ダイトウクダマキモドキ　ヒメクダマキモドキ

サトクダマキモドキ　ヤマクダマキモドキ　ヘリグロツユムシ

アマミヘリグロツユムシ　オキナワヘリグロツユムシ　ヤエヤマヘリグロツユムシ

サキオレツユムシ　ナカオレツユムシ　タイワンクダマキモドキ

ツユムシ科の尾端図(日本直翅類学会，2006より)。左：♂尾端側面，右：♀産卵器側面

あったら便利な撮影アイテムとバッタ撮影法

　トノサマバッタを代表とする低い草地にいるバッタの写真を撮るには少々体力がいる。バッタがいそうな環境についたら，まずランダムに歩いてみる。トノサマバッタやクルマバッタモドキなどがいたら，驚いて飛び上がって逃げる。今日は何を撮るかが決めてあったら，イメージに合うバッタが飛び出すまでひたすら歩き回る。飛び出したバッタは長くて十数m離れた場所に必ず着地するから着地点を見失わないように近づく。おそらくまた飛んで逃げるから，これを数回試みる。バッタが疲れるか，こちらの根気がなくなるかが勝負だ。相手が疲れてきたなと感じたら，できれば太陽に向かう方向からできる限り姿勢を低くして近づく。太陽を背にして近づくと，バッタには黒い影が近づくことになり，余計警戒して逃げようとするからだ。逆光であることを考慮して，レフ板を使うか，補助光を使って撮影するとよい。

　体力のない方や疲れているときは，バッタを見渡せる場所からじっくり彼らの行動を観察する。こちらが動かずにいると，求愛行動などを観察できる。オスがメスに乗っかってマウント交尾に至れば，絶好のシャッターチャンスだ。また産卵行動中のメスでも，注意して近づけば，穴掘り行動から，産卵までを撮影することができる。どの場合も，姿勢を低くしてゆっくりと近づくのがコツ。そして，カメラのフレーム内の画像が頭にあったイメージに近い状態になったとき，シャッターを切る。このとき，あると便利で体が楽なのは，ひじをカバーするサポーターなどだ。ひじを支えにして地面すれすれにカメラを構えることができるから，バッタ目線の生き生きとした写真が撮れる。

　昼間鳴くキリギリスは，鳴いている場所さえ見えれば，比較的簡単に撮影ができる。シャッタースピードを，1/60秒か1/30秒で撮影してみよう。1/60秒以下だとより翅の動きを強調できるから，鳴いていることを表現できるのだ。カメラをしっかりホールドするか三脚を使うと楽だ。1/125秒以上で撮影すると翅のブレが少なく翅が動いていないように写る。

　コオロギ，スズムシ，マツムシなどのオスは，翅を立てて鳴くから，それなりに鳴いていることを表現できるが，鳴くのは夜がメインだから，ストロボが必要になり，ほとんど翅の動きは止まってしまう。でも，翅の振動が激しいときには適当にブレて撮影できるから，鳴いていることを表現でき迫力のある写真となる。夜の撮影には，相手を探すためや，ピントを合わせるためにライトが必要になる。最近発売された，LEDライトは小さくて軽量で明るいものがある。私は，単四電池3本を使ったLEDのヘッドライトをレンズの上に固定してピント合わせに使っている。これが，明るくて広く照らしてくれるので重宝している。光を嫌がる相手には，赤色のセロハンをライトにかぶせて使うと，怖がらせずに近づいて撮影できる。草むらで鳴く相手用に持っていると便利なアイテムがある。それは，小枝を切るときに使う剪定ハサミだ。レンズの前にあって構図の邪魔をしている葉などを，相手を驚かさずに切ることができるからだ。

　また，一番厄介な「カ」対策には最近「どこでもべー○」なる小さくて軽量のものが出ているので活用してみよう。私は，ローションタイプよりこちらが気に入っている。

●コオロギ科 Gryllidae

中〜大型。体は円筒形か背腹に平たく，前翅は右が上になる。♂の前翅にはよく発達した発音器があるものが多く，秋の鳴く虫としてよく親しまれるものを含む。地表性。

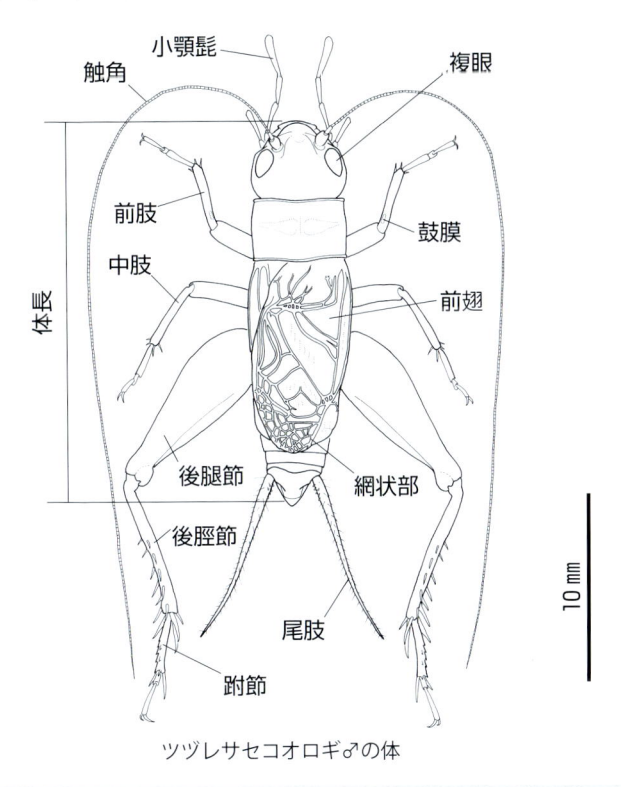

ツヅレサセコオロギ♂の体

タイワンエンマコオロギ♂　オオカメコオロギ♂　クマスズムシ♂

227

クロツヤコオロギ　*Phonarellus ritsemai*　　●コオロ

体は黒くて強いつやがある。尾肢の根元に白い部分がある。♀の触角の一部にも白い部分がある。翅は♂♀ともよく発達する。体長♂約18 mm, ♀約27 mm。やや湿った草地で土に丸い穴を掘ってすんでいる。♂は夜にチリチリチリ…とよく通る声で鳴く。本州では幼虫で越冬し, 6月ごろ成虫が見られる。本州南部, 四国, 九州, 対馬, 屋久島, 奄美大島, 沖縄島, 西表島に分布する。／上(♂)・下左(♀)・下右(巣内の♂)：奈良県若草山 2007年6月

ハネナシコオロギ　*Goniogryllus sexspinosus*　●コオロギ科

♂♀ともに全く翅がなく，体は黒く強いつやがある。体長♂約 13 mm，♀約 14 mm。山地の林床の礫のすきまなどにすむが，局地的。鳴かない。初夏に成虫が多い。本州(山口県)，四国東部，九州に分布する。／上(♂)・下(♀)：佐賀県作礼山 2009 年 7 月

オチバコオロギ　*Parasongella japonica*　　●コオロ

♂には短い翅があり，♀は翅がない。ハネナシコオロギにやや似ているが，体の色はうすい。体長♂約 12 mm，♀約 14 mm。落葉がたまった湿った林床にいる。4〜5月に成虫。沖縄島に分布する。／上(♂)：沖縄島国頭村 1995 年 4 月(村山望)，下(♀)：沖縄島 2008 年 5 月

フタホシコオロギ *Gryllus bimaculatus* ●コオロギ科

体はがっしりとしていて，全身黒く，前翅の基部に1対の黄色い斑紋がある。体長♂約36 mm，♀約36 mm。♂はピリリ・ピリリ…と鳴く。耕作地や人家周辺の草地にいるが，個体数はあまり多くない。実験用や餌用として養殖される。養殖個体は野生のものより体の色がうすい傾向がある。成虫は周年。沖縄島，先島諸島に分布する。／上(♂)：石垣島 2009年4月，下(♀)：養殖 2007年12月

イエコオロギ *Acheta domesticus* ●コオロギ

枯草色の中型コオロギ。体長♂約 21 mm，♀約 19 mm。♂はリーと鳴く。日本には自然分布しないが，フタホシコオロギよりもおとなしいため，爬虫類などのペットの餌として近年大量に養殖されている。時に逸脱して野外で発生が見られる。／上(♂)・下(♀)：養殖 2007 年 12 月

エゾエンマコオロギ *Teleogryllus infernalis* ●コオロギ科

体は黒褐色で、エンマコオロギに似るが、頭部の眉紋はごく小さい。メスの産卵器はエンマコオロギよりも長い。体長♂ 20 〜 33 mm、♀ 20 〜 33 mm。♂はヒリーと短く鳴く。北海道では耕作地などの草地にいるが、本州では河川中流の礫質の河原にいて局所的。秋に成虫。北海道、本州(和歌山県が南限)に分布する。／上(♂)・下(♀)：北海道小樽市 2007年9月

エンマコオロギ *Teleogryllus emma* ●コオロギ

体は褐色で大型。眉紋は通常狭いが明瞭。時にかなり黒化することがあり、山地型とよばれる。エゾエンマコオロギ、タイワンエンマコオロギとよく似るが、鳴き声、顔の眉紋、♂の交尾器などで区別される。体長♂29〜35 mm。♀33〜35 mm。♂はコロコロリーと美しい声で鳴く。草地にきわめて普通で、人家周辺にも多い。秋に成虫。北海道、本州、四国、九州、伊豆大島、対馬に分布する。コモダスエンマコオロギ *T. commodus* はオーストラリア原産でよく似ており、まれに日本で発生することがある。
／上左(♂)：京都府八幡市 2008 年 8 月，上右(鳴く♂)：奈良県橿原市 1989 年 9 月，下(♀)：山形県西川町 2008 年 10 月

ニンエンマコオロギ　*Teleogryllus boninensis*　●コオロギ科

体色に変異があり，他のエンマコオロギ属よりも淡色になる傾向がある。形態や鳴き声はエゾエンマコオロギに似る。体長約 22 mm。小笠原諸島に分布する。近年激減しているらしい。/ 上(♂)・下(♀)：奈良県橿原市昆虫館飼育個体 2009 年 11 月

タイワンエンマコオロギ　*Teleogryllus occipitalis*　●コオロギ

体は褐色～黄褐色。エンマコオロギに似るが，眉紋は太い。体長♂29～31 mm，♀27～32 mm。鳴き声はフィリーと短く，エゾエンマコオロギに似る。耕作地などの草地に普通。本州では初夏に成虫。南西諸島では周年成虫。本州南部，四国，九州，南西諸島に分布する。／上(♂)・下(♀)：奄美大島2007年10月

マメクロコオロギ *Melanogryllus bilineatus* ●コオロギ科

エンマコオロギ類に似るが，より小さく，頭部の眉斑はない。体長♂約 11 mm，♀約 16 mm。ピリリ・ピリリと鳴く。耕作地などの草地にいる。南西諸島（奄美以南）に分布する。/ 上(♂)・下(♀)：飼育個体 2009 年 12 月

ヒメコガタコオロギ　*Modicogryllus consobrinus*　●コオロギ

黄褐色の中型コオロギ。♀産卵器の先端は上下に（背腹に）平たくなる。体長♂ 14〜15 mm，♀ 11〜13 mm。チー・チー・と弱く鳴く。耕作地や人家周辺の草地に普通。周年成虫。南西諸島に分布する。／上（♂）・下（♀）：石垣島 2008 年 10 月

マンボコオロギ　*Modicogryllus siamensis*　　●コオロギ科

体は黒く，複眼の間に特徴的な一文字の白斑がある。♀の産卵器の先端は上下に平たい。体長♂15〜17mm，♀13〜14mm。夜にジャッ・ジャッ・ジャッ…と鳴く。湿った草地に普通。本州では幼虫で越冬し，初夏に成虫となり，秋に2化目の成虫が出ることもあるが初夏よりは少ない。南西諸島ではほぼ周年成虫。本州，四国，九州，対馬，南西諸島に分布する。／上(♂)：京都府八幡市2007年5月，下(♀)：大阪府能勢町2006年6月

239

クマコオロギ　*Mitius minor*　　●コオロギ

体が黒く，肢が黄色い小型のコオロギ。翅はやや短い。体長約 12 mm。やや湿った草地にいて，昼間からチルッ…と小さな声で鳴く。秋に成虫。本州，四国，九州，対馬，種子島に分布する。／上(♂)：奈良県平城京跡 2007 年 9 月，下(♀)：京都府精華町 2006 年 10 月

ニメコオロギ　*Comidogryllus nipponensis*　　●コオロギ科

小型のコオロギ。体長♂9～10mm，♀8～9mm。よく茂った草地やアシ原にすみ，非常に発見しにくい。ルーと鳴く。秋に成虫。本州，四国，九州，伊豆大島，対馬に分布する。/上(♂)・下(♀)：大阪府高槻市 2009年10月

モリオカメコオロギ　*Loxoblemmus sylvestris*　●コオロギ

♂の前翅の端部はやや長く，腹面がやや赤みを帯びることにより，ハラオカメコオロギから区別できる。ハラオカメコオロギやタンボオカメコオロギよりも翅の光沢が乏しい。体長♂約 15 mm，♀ 12 〜 16 mm。リー・リ・リ・リ・と 5 〜 6 声を区切って鳴き，ややゆっくりで，最初の一声が長い傾向がある。林内や林縁の地表に普通。秋に成虫。本州，四国，九州，対馬，屋久島に分布する。／上(♂)：奈良県大和郡山市 2007 年 11 月，下(♀)：大阪府能勢町 2006 年 9 月

ハラオカメコオロギ *Loxoblemmus campestris* ●コオロギ科

♂の前翅の端部は短く，腹面は通常白っぽい。体長♂ 14〜15 mm，♀ 12〜15 mm。リリリリと5〜6声を区切って鳴き，他のオカメコオロギ類よりもテンポが速く，ミツカドコオロギにも似るが，より鋭さを欠く。明るい草地に普通。秋に成虫。北海道，本州，四国，九州，対馬，薩南諸島に分布する。／上(♂)・下(♀)：兵庫県小野市 2007年10月

タンボオカメコオロギ　*Loxoblemmus aomoriensis*　●コオロギ

体は黒っぽく，腹部は赤黒い。体長♂11〜14 mm，♀11〜17 mm。リー・リー…と他のオカメコオロギ類よりもゆっくり鳴く。湿った草地にいて，西日本ではまれだが，北日本では普通。秋に成虫。北海道，本州，四国，九州に分布する。／上(♂)・下(♀)：山形県西川町 2009年9月

ネッタイオカメコオロギ　*Loxoblemmus equestris*　　●コオロギ科

モリオカメコオロギに酷似し，形態や鳴き声では区別できないが，決まった越冬態がないことで区別される。ほぼ周年成虫。南西諸島(トカラ列島以南)に分布する。/ 上(♂)・下左(♀)・下右(♀)：与那国島 2009 年 4 月

245

ミツカドコオロギ *Loxoblemmus doenitzi* ●コオロギ

♂の顔面は黒くて平たく,上方および側方に特徴的な突起があるが,やや変異が大きい。♀はオカメコオロギ類に似るがやや大型で,小顎髭が白い。後胸腹板に黒っぽいV字紋がある。体長♂約18 mm,♀17 mm。リッ・リッ・リッ…と鳴き,ハラオカメコオロギに似ているがより鋭い。明るい草原に普通。秋に成虫。本州,四国,九州,大隅諸島に分布する。/上(♂)・下左(♀):徳島県脇町(現 美馬市)2009年9月,下右(♂):三重県名張市2007年9月

オオカメコオロギ *Loxoblemmus magnatus* ●コオロギ科

オカメコオロギ類に似るがやや大きく，♂の触角第一節の突起はない。体長♂17〜21 mm，♀17〜20 mm。ミツカドコオロギよりもやわらかく，タタタタ…と鳴く。河川敷や神社の林などで見つかるが，きわめて局所的。秋に成虫。本州，四国，九州に分布する。/ 上(♂)：飼育個体 2009 年 10 月(石川 均)，下左(♀)：徳島県吉野川 2010 年 9 月，下右(♂)：飼育個体 2009 年 10 月

ツシマオカメコオロギ *Loxoblemmus tsushimensis* ●コオロギ

ミツカドコオロギに似るが，♂の顔面側方の突起が小さい。体長♂約 18 mm，♀約 19 mm。リリリ…とミツカドコオロギよりやわらかく鳴く。秋に成虫。明るい草地にいる。対馬，九州に分布する。／上(♂)・下(♀)：対馬 2007 年 9 月

チナガコオロギ *Velarifictorus aspersus* ●コオロギ科

♂の顎が大きく発達するが，小型個体ではあまり発達しない。♂♀とも後頭部がツヅレサセコオロギよりも黄色っぽい。体長♂約17 mm，♀約18 mm。鳴き声はフィリーとややわらかい。丘陵部の疎林などでよく見つかる。秋に成虫。本州南部，四国，九州に分布する。／上(♂)：淡路島2004年9月，下(♀)：兵庫県明石公園2009年10月

ツヅレサセコオロギ　*Velarifictorus micado* ●コオロギ

秋の鳴く虫の代表種。眼の間の黄帯は中央でかなり細くなる。体長♂約 16 mm，♀約 16 mm。リー・リー・リー…とやや大きな声で昼夜とも鳴き，♀が近くにいるときの誘い鳴きはツツー・ツツーと弱い。気が強く，中国の闘蟋に用いられる。草原，耕作地，人家周辺などできわめて普通。秋に成虫。北海道，本州，四国，九州，対馬に分布する。

上左(♂)・下(♀)：徳島県脇町(現 美馬市) 2008 年 9 月，上右(鳴く♂)：和歌山県和歌山市 2006 年 10 月

ツノツヅレサセコオロギ　*Velarifictorus grylloides*　●コオロギ科

ツヅレサセコオロギにきわめてよく似るが，交尾器や出現期が異なる。体長♂15～16 mm，♀17～18 mm。本州では幼虫越冬で初夏に成虫が出る。南西諸島では周年発生。本州，四国，九州，南西諸島に分布する。／上(♂)：奄美大島 2008年6月，下(♀)：久米島 2009年6月

コガタコオロギ *Velarifictorus ornatus* ●コオロ

ツヅレサセコオロギ類によく似るが、やや小型で、複眼の間の黄帯がごく小さい。体長約15 mm。夜にビーッと一声鳴く。本州では通常は幼虫越冬で初夏に成虫になる。暖地では年2化する。やや乾燥した草原に普通。本州，伊豆諸島，四国，九州，対馬，南西諸島に分布する。/ 上(♂): 奈良県若草山 2007年6月，下左(♀): 大阪府堺市 2007年6月，下右(鳴く♂): 奈良県五條市 2009年6月

ニンツヅレサセコオロギ　*Velarifictorus politus*　●コオロギ科

ツヅレサセコオロギに似るが，光沢が強く，交尾器が異なる。体長♂約13mm，♀15〜16mm。林内にすみ，クチナガコオロギに似た声で長く続ける。小笠原諸島父島・母島・兄島に分布する。/ 上(♂)・下(♀)：小笠原諸島兄島 2010年10月(石川 均)

カマドコオロギ　*Gryllodes sigillatus*　●コオロ

黄色っぽい中型コオロギで，体は平たく，翅は短い。チリチリチリ…と連続的に高く鳴く。体長♂約 14 mm，♀約 17 mm。本州では市街地や温泉地など冬の気温が下がりにくい場所にいる。南西諸島では山中にもいるが，道路沿いのコンクリートのすきまなど人工物の周りに多い。決まった越冬態はなく，条件がよければ周年成虫が見られる。本州，四国，九州，対馬，小笠原諸島，南西諸島に分布する。／上(♂)：西表島 2006 年 5 月，下左(鳴く♂)・下右(♀)：奄美大島 2008 年 6 月

マスズムシ　*Sclerogryllus punctatus*　　●コオロギ科

体は黒く，肢の先半分が黄褐色。触角の中ほどに白い部分がある。♂の前翅は幅広く，ややスズムシに似た体形。体長♂10〜13 mm，♀11〜12 mm。林の近くの草地に多く，夜にネネネネ…と高い声で弱く鳴く。秋に成虫。本州，四国，九州，対馬，八丈島，南西諸島(沖縄島以北)に分布する。ネッタイクマスズムシ *S. coriaceus* はよく似るが，やや頭が大きい。体長10 mm。与那国島に分布する。／上(♂)：奄美大島 2007年10月，下(♀)：兵庫県川西市 2007年10月

クロツヤコオロギ♂	クロツヤコオロギ♀	ハネナシコオロギ♂	ハネナシコオロギ♀
フタホシコオロギ♂	フタホシコオロギ♀	イエコオロギ♂	イエコオロギ♀
エゾエンマコオロギ♂	エゾエンマコオロギ♀	エンマコオロギ♂	エンマコオロギ♀
エンマコオロギ♂山地型	ムニンエンマコオロギ♂	タイワンエンマコオロギ♂	タイワンエンマコオロギ♀
タンボコオロギ♂	タンボコオロギ♀	クマコオロギ♂	ヒメコオロギ♂

コオロギ科の顔コレクション①

ッタイオカメコオロギ♂	ネッタイオカメコオロギ♀	モリオカメコオロギ♂	モリオカメコオロギ♀
ハラオカメコオロギ♂	ハラオカメコオロギ♀	タンボオカメコオロギ♂	タンボオカメコオロギ♀
ミツカドコオロギ♂	ミツカドコオロギ♀	オオオカメコオロギ♂	ツシマオカメコオロギ♂
ツシマオカメコオロギ♀	クチナガコオロギ♂	クチナガコオロギ♀	ツヅレサセコオロギ♂
ツヅレサセコオロギ♀	ナツノツヅレサセコオロギ♂	コガタコオロギ♂	カマドコオロギ♂

コオロギ科の顔コレクション②

●コオロギ科①

クロツヤコオロギ♂♀　　ハネナシコオロギ♀　　オチバコオロギ♂♀

フタホシコオロギ♂♀　　イエコオロギ♂♀　　エゾエンマコオロギ♂♀

エンマコオロギ♂♀　　タイワンエンマコオロギ♂♀　　ムニンエンマコオロギ♂♀

コモダスエンマコオロギ♂♀　　マメクロコオロギ♂♀　　ヒメコガタコオロギ♂♀

タンボコオロギ♂♀　　クマコオロギ♂♀　　ヒメコオロギ♂♀

258

●コオロギ科②

ネッタイオカメコオロギ♂♀　モリオカメコオロギ♂♀　ハラオカメコオロギ♂♀

タンボオカメコオロギ♂♀　ミツカドコオロギ♂♀　オオオカメコオロギ♂♀

ツシマオカメコオロギ♂♀　クチナガコオロギ♂♀　ツヅレサセコオロギ♂♀

ノッノツヅレサセコオロギ♂♀　コガタコオロギ♂♀　ムニンツヅレサセコオロギ♂♀

カマドコオロギ♂♀　クマスズムシ♂♀　ネッタイクマスズムシ♂

●マツムシ科 Eneopteridae

コオロギ科に似る。多くの種で♂の胸部に誘惑腺があり，♀が交尾時にこれをなめる。鳴く虫として有名な種を含むが，鳴かないものもいる。多くは樹上や草本の上で生活する。

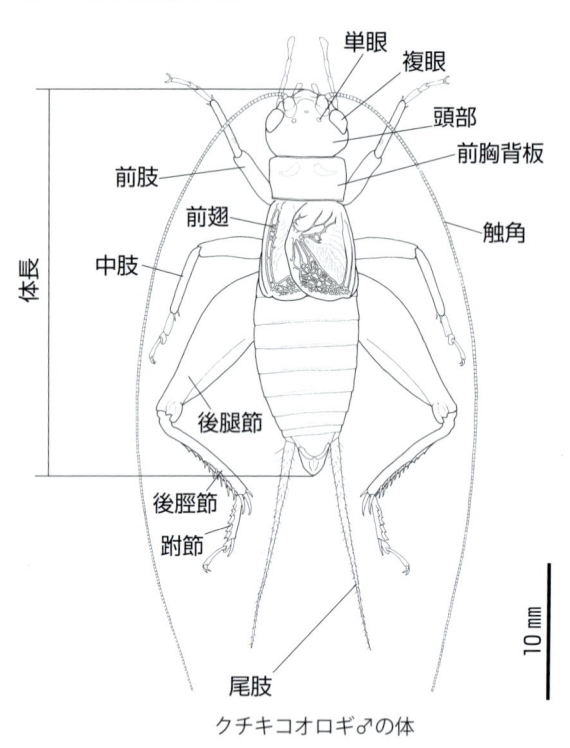

クチキコオロギ♂の体

マダラコオロギ♀　　マツムシ♀　　カヤコオロギ♂

クチキコオロギ *Duolandrevus ivani* ●マツムシ科

コオロギ科によく似た体型。翅は短い。体長♂30〜35 mm, ♀30〜32 mm。照葉樹林内の樹皮下や岩の割れ目などにすむ。夜にグリィーと低い声で鳴く。ほぼ周年成虫。本州南部, 四国, 九州, 伊豆諸島, 対馬, 奄美大島, 沖縄諸島に分布する。オガサワラクチキコオロギ *D. major* はよく似るが, より体色がうすく光沢が強い。交尾器も異なる。体長♂約25 mm, ♀約22 mm。小笠原諸島に分布する。／上左(♂)・上右(♂)：大阪府岬町 2006年10月, 下(♀)：淡路島 2007年9月

ヤエヤマクチキコオロギ *Duolandrevus guntheri* ●マツムシ

クチキコオロギに似ているが，より大型で，交尾器が異なる。体長♂ 38 〜 44 mm，♀ 34 〜 36 mm。森林内にすむ。周年成虫。石垣島，西表島に分布する。ヨナグニクチキコオロギ *D. yonaguniensis* はヤエヤマクチキコオロギより小型で，交尾器が異なる。体長約 33 mm，♀約 31 mm。与那国島に分布する。／上(♂)：石垣島 2002 年 10 月，左中(♀)・右下(♀)：西表島 2007 年 6 月，左下(幼虫)：西表島 2006 年 5 月

'ダラコオロギ　*Cardiodactylus guttulus*　　●マツムシ科

翅に顕著な黄斑をもつ。体長♂約37 mm，♀約36 mm。森林内の低木上や下草にすみ，個体数が多くよく目につく。昼夜問わずシッ・シッ…と鳴く。8〜1月に成虫。南西諸島(奄美大島以南)に分布する。／上(♂と♀)・下左(鳴く♂)：奄美大島 2007年10月，下右(♂の誘惑腺をなめる♀)：久米島 2006年11月

263

コバネマツムシ　*Lebinthus yaeyamensis*　　マツム

体は茶褐色。翅は短い。体長♂約 15 mm，♀約 14 mm。原生林の暗い林床で落葉の上や下草上にすむ。ごく小さい声でピーと短く鳴く。9〜10 月に成虫。久米島，石垣島，西表島，与那国島に分布する。／上(♂)・下(♀)：西表島 2008 年 10 月

マツムシ *Xenogryllus marmoratus marmoratus* ●マツムシ科

体は麦わら色で肢が長い。体長♂約21 mm，♀約19 mm。やや乾燥した丈の高い草原にすむ。著名な鳴く虫で，夜に金属的な声でピッ・ピリリと鳴き，「チン・チロリン」と聞きなしされる。秋に成虫。本州(中南部)，四国，九州，伊豆大島に分布する。南西諸島産は，ピッ・ピッ・ピッ・ピリリと長めに鳴き，別亜種，オキナワマツムシ *X. m. unipartitus* とされる。／上(♂)：和歌山県潮岬 1983 年 10 月，下左(♀)：大阪府堺市 2009 年 10 月，下右(鳴く♂)：奈良県橿原市 1983 年 10 月

265

リュウキュウサワマツムシ　*Vescelia pieli ryukyuensis*　●マツムシ

♂の翅は大きく、肢は淡褐色のまだら模様がある。体長 15 〜 20 mm。よく茂った森林内の沢に近い低木上にすむ。夜にリッリリリリーと鳴く。ほぼ周年成虫。奄美大島、徳之島、沖縄島、久米島、石垣島、西表島に分布する。／上(♂)：沖縄島 2007 年 8 月、下左(鳴く♂)・下右(♀)：沖縄島 2009 年 10 月

アオマツムシ　*Truljalia hibinonis*　　●マツムシ科

成虫は鮮緑色だが若齢幼虫は茶褐色。体長 21〜23 mm。樹上性で，市街地や明るい二次林に普通。チリー・チリーと高く大きな声で，日没直後に特によく鳴く。秋に成虫。明治ごろ渡来した帰化種で，本州（岩手県以南），四国，九州，隠岐，五島列島に分布する。/ 上（♂と♀）：島根県益田市 2005 年 9 月（河合正人），下左（サクラの生枝に産卵する♀）：滋賀県多賀町 2005 年 9 月，下右（♂）：兵庫県川西市 2006 年 9 月

267

マツムシモドキ *Aphonoides japonicus*

翅は発達するが発音器はない。体は黄褐色で翅に小白点がある。体長♂12〜15mm。照葉樹林やその二次林の樹上にすむ。秋に成虫。本州(静岡県以西)，四国，九州に分布する。/ 上(♂)・下(♀)：奈良県生駒市 2009年9月

カマツムシモドキ *Aphonoides rufescens* ●マツムシ科

マツムシモドキによく似るが，体はやや赤っぽく，より大きい。体長 13 〜 16 mm。低地の林縁の低木上にすむ。7 〜 10 月に成虫。九州(大隅半島)，伊豆諸島，小笠原諸島，南西諸島に分布する。／上(♂)・下(♀)：奄美大島 2007 年 10 月

ヤエヤママツムシモドキ　*Mistshenkoana gracilis*

マツムシモドキに似るが，肢がやや長く，体の両側に黄色のすじがある。幼虫はまだら模様がある。体長 13 〜 15 mm。照葉樹林などの樹上にすむ。7 〜 9 月に成虫。石垣島，西表島，与那国島に分布する。/ 左(♂)：西表島 2002 年 10 月，右上(幼虫)：西表島 2006 年 5 月，右下(幼虫)：西表島 2007 年 6 月

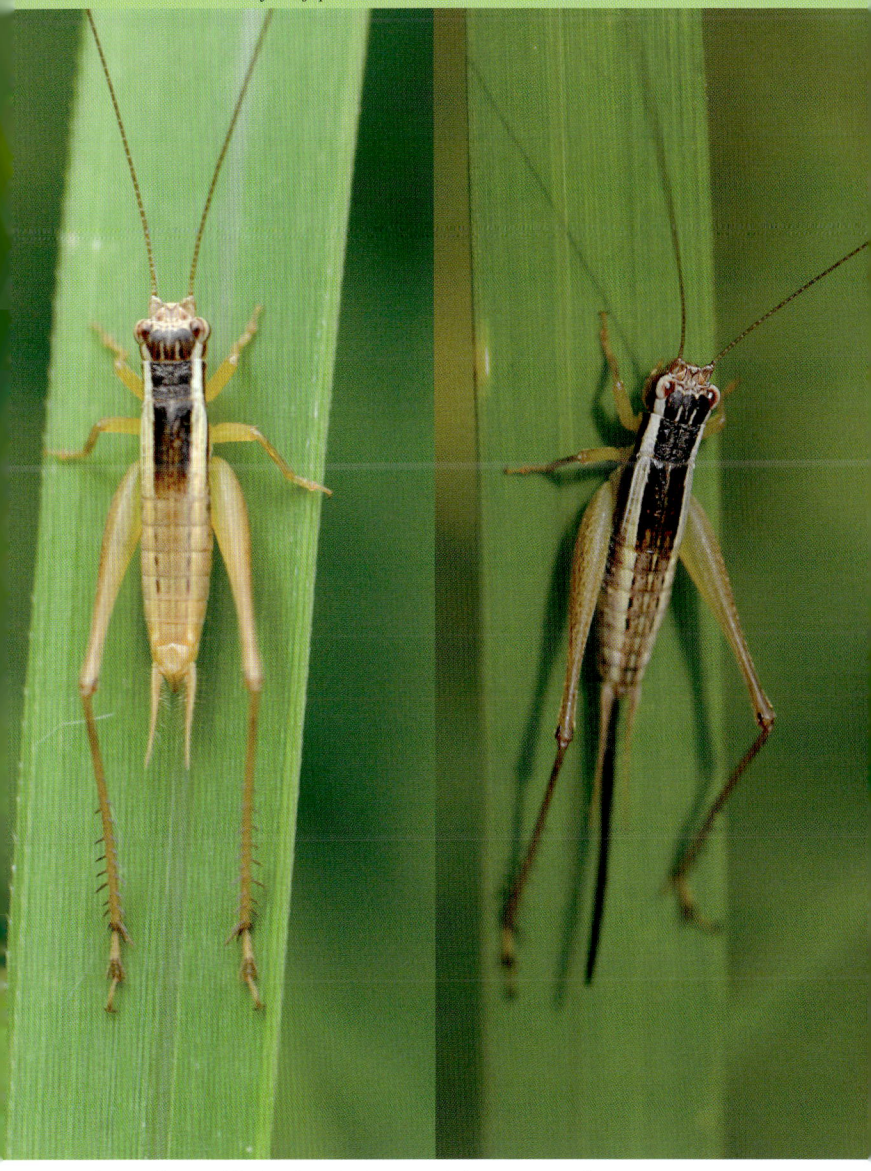

ヤコオロギ　*Euscyrtus japonicus*　　●マツムシ科

体は黄褐色で背面は濃褐色。短い翅があるが発音器はない。体長8〜10mm。明るいチガヤなどのイネ科草原にすみ，群生する傾向があるが，近年減少した。夏〜秋に成虫。本州，四国，九州に分布する。/左(♂)・右(♀)：奈良県山添村 2009年9月

オオカヤコオロギ　*Patiscus nagatomii*　　●マツムシ

体は黄褐色で細長い。翅はやや長いが，発音器はない。体長 15 〜 16 mm。開けたチガヤ草原にすむ。周年成虫。石垣島，西表島，与那国島に分布する。/左上(♀)：西表島 2008 年 10 月，右(♂)・左下(幼虫)：与那国島 2009 年 4 月

ズムシ　*Meloimorpha japonica*　　●マツムシ科

体は黒く，触角は大部分白い。♂の翅は非常に大きい。体長 16 〜 19 mm。やや湿ったよく茂った草原にすむ。最も有名な鳴く虫で，リーンあるいはリンリン…と鳴く。秋に成虫。北海道（移入），本州，四国，九州，対馬，種子島に分布する。／左（鳴く♂）：熊本県高森町 2008 年 9 月，右上（♂）：徳島県吉野川 2010 年 9 月，右下（コガネムシ類の幼虫を食べる♀）：徳島県脇町（現美馬市）2008 年 9 月

カンタン　　*Oecanthus longicauda*　　●マツム

体は淡緑色〜黄褐色で時に黒ずむ。腹側は通常黒い。体長 14 〜 18 mm。林縁の低木上や草地にすむ。時に平地の河川敷などにもいる。有名な鳴く虫で，ルルルルル…と鳴く。秋に成虫。北海道，本州，四国，九州に分布する。／上（鳴く♂）：奈良県橿原市 2005 年 9 月，下左（♂）：福島県只見町 2004 年 9 月，下右（♀）：兵庫県川西市 2006 年 8 月

1ガタカンタン　*Oecanthus similator*　　マツムシ科

カンタンによく似るがやや小型で，腹は黒くない。通常淡緑色。体長 11 〜 14 mm。山地の林縁部でキイチゴ類の樹上にすむ。ルルル・ルルル…と鳴き，カンタンに似るがしばしば区切りを入れる。秋に成虫。本州，四国，九州に分布する。/ 上左・上右(♂)・下(♀)：和歌山県高野町 2010 年 10 月

インドカンタン *Oecanthus indicus*

●マツム

ヒロバネカンタンに似るが，体は淡褐色。腹は黒くない。体長 14 〜 18 mm。平地の開けた荒地や耕作地にすむ。リ ── ・リ ── とヒロバネカンタンより長く区切って鳴く。先島諸島に分布する。チャイロカンタン *O. rufescens* はよく似るが，リュ ── ・リュ ── と少し長めにひいて鳴く。体長 14 〜 17 mm。平地の荒地にすむ。奄美大島，八重山諸島に分布する。／左(♂)・右上(♀)・右下(鳴く♂)：石垣島 2008 年 10 月

ロバネカンタン　*Oecanthus euryelytra*　　●マツムシ科

通常淡緑色。♂の翅は幅広い。腹側は黒くない。体長♂ 12〜15 mm，♀ 11〜14 mm。平地の開けた雑草地に普通。夜にリー・リー…と区切って鳴く。西日本では年2化で，初夏〜秋に成虫。本州，四国，九州，対馬，南西諸島に分布する。/左上(♂)：京都府八幡市 2008年9月，左下(鳴く♂)：京都府八幡市 2007年7月，右(♂の誘惑腺をなめる♀)：対馬 2007年9月

277

●マツムシ科

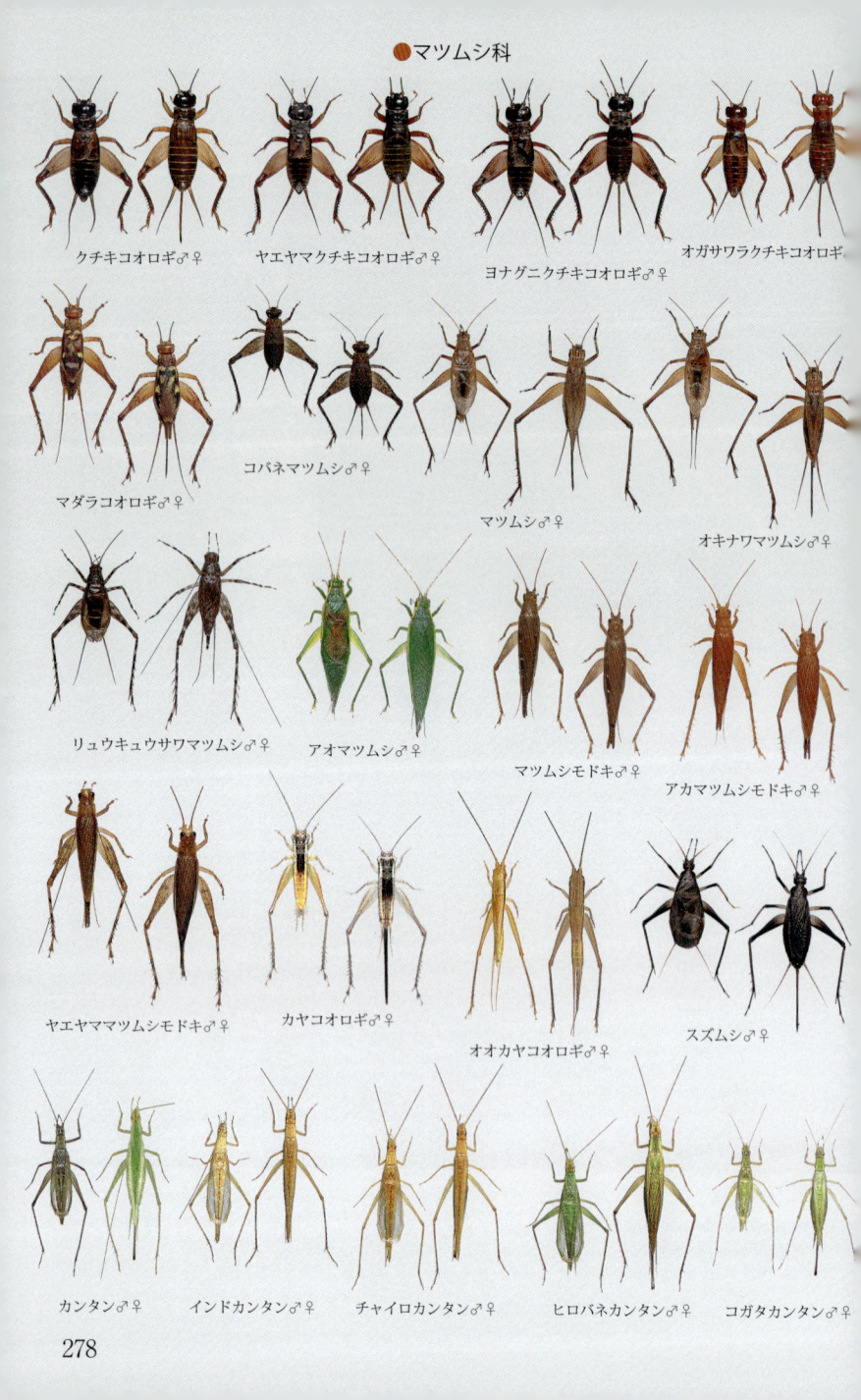

クチキコオロギ♂♀　　ヤエヤマクチキコオロギ♂♀　　ヨナグニクチキコオロギ♂♀　　オガサワラクチキコオロギ

マダラコオロギ♂♀　　コバネマツムシ♂♀　　マツムシ♂♀　　オキナワマツムシ♂♀

リュウキュウサワマツムシ♂♀　　アオマツムシ♂♀　　マツムシモドキ♂♀　　アカマツムシモドキ♂♀

ヤエヤママツムシモドキ♂♀　　カヤコオロギ♂♀　　オオカヤコオロギ♂♀　　スズムシ♂♀

カンタン♂♀　　インドカンタン♂♀　　チャイロカンタン♂♀　　ヒロバネカンタン♂♀　　コガタカンタン♂♀

●ヒバリモドキ科 Trigonidiidae

小型のコオロギ類。樹上，草地，地表，海岸，河原など，生息地の多様性が高い。よく鳴くものから，翅が退化して鳴かないものまで，発音生態も多様。

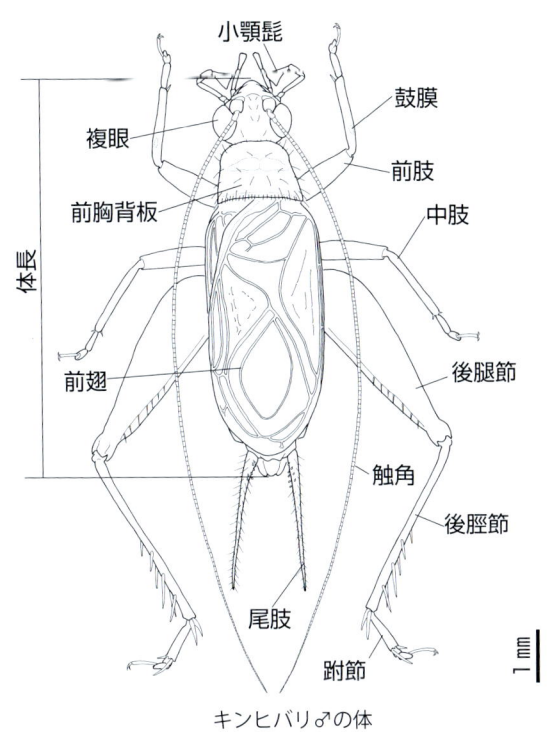

キンヒバリ♂の体

（図中ラベル：小顎髭，複眼，前胸背板，体長，前翅，鼓膜，前肢，中肢，後腿節，触角，後脛節，尾肢，跗節，1mm）

クサヒバリ♂　　ウスモンナギサスズ♀　　ハマスズ♂

ヤマトヒバリ　*Homoeoxipha obliterata*　　●ヒバリモドキ

頭部・胸部は黒褐色〜赤褐色。後腿節は淡黄色で外側に暗色条が1つある。体長♂ 6.2〜6.4 mm，♀ 5.6〜6.1 mm。薄暗い藪の樹上にすむ。リューリュリュリュー…とテンポを変化させて鳴く。秋に成虫。暖地では2化して初夏から秋に成虫。本州，四国，九州，屋久島，奄美大島，沖縄島に分布する。ネッタイヒバリ *H. nigripes* はよく似るが，後腿節の黒条は先半部にのみある。体長♂ 5.6〜5.9 mm，♀ 6.1 mm。リュリュリュリュリューと鳴く。石垣島，西表島に分布する。／上(♂)：大阪府和泉市 2007年9月，下左(♀)・下右(♂)：高知県室戸市 2008年7月

フタイロヒバリ　*Homoeoxipha lycoides*　●ヒバリモドキ科

ヤマトヒバリよりもがっしりしていて、後腿節は淡黄色で無紋。体長♂5.6 mm, ♀5.1 mm。明るい湿性草原にすむ。リュリュリュリュ・リュリュリュリュと明るく鳴く。八丈島, 沖縄島, 久米島, 渡嘉敷島に分布する。／左(♂)・右(♀)：久米島 2009 年 6 月

カヤヒバリ　*Natula pallidula*　●ヒバリモドキ科

キンヒバリに酷似するが、鳴き声と♂の交尾器で区別される。体長♂6.8～7.0 mm, ♀5.9～7.3 mm。乾燥した草地にすむ。ジリジリジリ…あるいはジー・ジー・ジー…と鳴く。本州では幼虫越冬で初夏～秋に成虫。本州, 四国, 九州, 南西諸島に分布する。
／左(♂)・右(♀)：沖縄島 2008 年 4 月

キンヒバリ　*Natula matsuurai*　　●ヒバリモドキ

カヤヒバリよりもやや幅広く，体色が濃い。顔面に細い褐色の黒帯がある。体長♂6.0〜7.1 mm，♀4.9〜6.7 mm。草深い湿地に多い。リッリッリッリッリリリーとやわらかく鳴く。本州では主に幼虫越冬で初夏に成虫が多いが，秋にも少し見られる。本州，四国，九州，屋久島，トカラ列島，奄美大島，徳之島，伊平屋島，沖縄島，久米島に分布する。セグロキンヒバリ *N. pravdini* はよく似るが，頭胸部背面は褐色で顔面に太く黒い横帯がある。体長♂6.1 mm，♀5.00 mm。低湿地のイネ科植物群落にすむ。非常に速くジリジリジリジリジィジィジィ…と鳴く。南西諸島（奄美大島以南）に分布する。クロメヒバリ *Anaxipha longealata* は複眼が黒く，顔面に縦の黒帯がある。体長♂5.3 mm，♀4.9 mm。丈の低い密生した湿性草原にすむ。ジジジジジーと繰り返して鳴く。西表島，与那国島に分布する。／上(♂)：奈良県生駒市 2009 年 7 月，下左(♀)・下右(♀)：高知県室戸市 2008 年 7 月

ノサヒバリ　　*Svistella bifasciata*　　　　　　　　　　　　　●ヒバリモドキ科

麦わら色で，後腿節に 2 本の黒条がある。体長♂ 7.5 mm，♀ 6.9 〜 8.0 mm。林縁の低木ややぶに普通。昼夜問わず，フィリリリリリ…と鳴き，ヒゲシロスズの声に似ているが，より金属的な響きが強い。秋に成虫。本州，四国，九州，南西諸島に分布する。タイワンカヤヒバリ *Svistella henryi* は後腿節の先端に明瞭な小黒点がある。体長♂ 6.4 mm，♀ 6.8 mm。乾いたススキなどの草原やサトウキビ畑にすむ。チリッ・チリッと鳴く。沖縄島，石垣島，西表島，与那国島に分布する。/ 上(♂)：奈良県生駒市 2009 年 9 月，下左(♀)：大阪府和泉市 2007 年 9 月，下右(♀)：大阪府四條畷市むろいけ園地 2009 年 9 月

オキナワヒバリモドキ　*Trigonidium pallipes*　　●ヒバリモドキ

体は黒いことが多いが，淡色のものもある。肢は黄褐色で斑紋はない。♂♀とも翅に小横脈がある。長翅型がよく出る。体長♂ 4.8 〜 5.5 mm，♀ 4.8 〜 5.5 mm。草地に普通。鳴かない。周年成虫。小笠原諸島，南西諸島に分布する。オガサワラヒバリモドキ *T. ogasawarense* はよく似るが，肢に黒斑があり，♂♀とも翅に横脈がある。体長♂ 5.6 mm，♀ 6.2 mm。林縁の草地にすむ。小笠原諸島に分布する。チャマダラヒバリモドキ *T. chamadara* は後腿節にはまだら模様があり，先端に黒い半月斑がある。体長♂ 4.0 〜 5.6 mm，♀ 5.0 mm。浅い湿った草地にすむ。沖縄島，渡嘉敷島に分布する。／上（♂）・下左（♀）：与那国島 2009 年 4 月，下右（長翅型の♀）：石垣島 2007 年 6 月

フロヒバリモドキ *Trigonidium cicindeloides* ●ヒバリモドキ科

体と翅は黒い。肢はやや赤みがかった黄色で，前・中肢の先半は黒くなる。♂♀とも翅に多数の縦の擬脈がある。長翅型も出る。体長♂ 4.6 mm，♀ 4.9 mm。まばらな草地にすむ。鳴かない。周年成虫。本州（和歌山県），四国（南部），九州，南西諸島に分布する。/ 左(♂)・右(♀)：奄美大島 2007 年 10 月

キアシヒバリモドキ *Trigonidium japonicum* ●ヒバリモドキ科

体は黒く，肢は黄褐色で斑紋はない。♂♀とも翅に弱いとぎれとぎれの縦の擬脈があり，横脈はない。体長♂ 5.4 mm，♀ 6.1 mm。草地にすむ。鳴かない。幼虫越冬で初夏に成虫。北海道，本州，四国，九州に分布する。/ 左(♂)：奈良県橿原市 2009 年 5 月，右(♀)：大阪府能勢町 2007 年 6 月

ウスグモスズ　*Amusurgus genji*　　●ヒバリモドキ

翅は黒褐色で翅脈は淡褐色。体の腹面は緑色がかる。後腿節には斑紋はない。長翅型が出る。体長♂7.6 mm，♀7.8 mm。樹上性で，公園や人家周辺の植木に多い。鳴かない。秋に成虫。おそらく外来種で，本州(関東～近畿)，九州，伊豆諸島八丈島に分布する。カルニーウブゲヒバリ *Metiochodes karnyi* は後脛節の棘が短く，翅に短い毛を密生する。体長♂4.8 mm，♀5.0 mm。石垣島，西表島に分布する。／上(♂)：茨城県つくば市 2009 年 9 月(中原直子)，下左(長翅型の♀)：兵庫県川西市 2008 年 9 月，下右(産卵する♀)：兵庫県川西市 2006 年 10 月

マングローブスズ　*Apteronemobius asahinai*　　●ヒバリモドキ科

♂♀とも翅がない。体には無数の暗色斑がある。体長♂5.1 mm，♀6.7 mm。海岸のマングローブ林の暗い林床にすみ，干潮時に地表で活動する。鳴かない。春〜秋に成虫。南西諸島(奄美大島以南)に分布する。／左(♂)・右(♀)：西表島 2006 年 5 月

イソスズ　*Thetella elegans*　　●ヒバリモドキ科

♂には短い翅があり，♀には翅がない。斑紋には変異がある。体長♂6.8〜8.4 mm，♀7.5 mm。海岸の砂浜や岩礁などにすみ，夜間，潮間帯上部で活動する。ジィ・ジィと低く鳴く。周年成虫。南西諸島(奄美大島以南)に分布する。／左(♂)：西表島 2007 年 6 月，右(♀)：西表島 2001 年 5 月

ハマオロギ　*Taiwanemobius ryukyuensis*　　●ヒバリモドキ

♂♀とも翅がない。体は青灰色に黒斑をもち，光沢がある。体長♂ 9.1 mm，♀ 10.6 mm。転石の多い海浜にすむが局所的。潮上帯付近で昼間に活動する。鳴かない。周年成虫。奄美大島，沖縄島に分布する。/ 右上(♂)・左下(♀)：沖縄島 2007 年 8 月

ウスモンナギサスズ　*Caconemobius takarai*　　●ヒバリモドキ

♂♀とも翅がない。体は黒～淡褐色で背に淡色斑がある。後脛節内側の棘は 1 本。体長♂ 9.0 ～ 13.1 mm，♀ 9.9 ～ 12.7 mm。海岸の岩礁にすみ，人工的な護岸にも多い。夜間に波打ち際近くで活動する。本州では 8 ～ 10 月に成虫，南西諸島ではほぼ周年成虫。本州(中南部)，四国，九州，伊豆諸島，小笠原諸島，対馬，種子島，南西諸島に分布する。ダイトウウミコオロギ *C. daitoensis* はよく似るが，後脛節内側の棘は 2 本。体長♂ 12.5 mm，♀ 12.9 mm。岩礁海岸にすむ。12 月に成虫採集例がある。大東諸島に分布する。/ 左(♂)：京都府舞鶴市 2006 年 8 月，右(♀)：大阪府岬町 2007 年 10 月

ギサスズ　*Caconemobius sazanami* ●ヒバリモドキ科

ウスモンナギサスズに似るが，体は黒色で淡色斑はほとんど出ず，やや小型で，肢が短い。体長♂ 9.9～10.0 mm，♀ 9.9～10.3 mm。ウスモンナギサスズと同様の環境にすみ，広く混生するが，出現期はやや早く，本州では7～9月に成虫。鳴かない。北海道，本州，四国，九州，佐渡島，伊豆諸島，対馬，奄美大島に分布する。／左(♂)：京都府舞鶴市2006年8月，右(♀)：大阪府岬町2007年10月

エゾスズ　*Pteronemobius yezoensis* ●ヒバリモドキ科

体はほぼ黒色。体長♂ 8.8 mm，♀ 8.5 mm。あまり草深くない湿地にすむ。ジー・ジーと単調に鳴く。幼虫越冬で春に成虫。北海道，本州，四国，九州に分布する。／左(♂)：大阪府能勢町2007年6月，右(♀)：大阪府能勢町2006年6月

ヤチスズ　*Pteronemobius ohmachii*　　●ヒバリモドキ

体は通常黄褐色だが，黒っぽいものもある。体色以外はエゾスズに酷似する。体長♂ 6.2〜8.5 mm，♀ 7.0〜9.0 mm。湿った草地にすみ，水田周辺に多い。ジー――と長めに尻上がりに強く鳴く。夏〜秋に成虫。北海道，本州，四国，九州，南西諸島？に分布する。／左(♂)：兵庫県猪名川町 2008 年 10 月，右(♀)：兵庫県川西市 2005 年 10 月

キタヤチスズ　*Pteronemobius gorochovi*　　●ヒバリモドキ

体は黒褐色で，エゾスズに酷似するが若干淡色。エゾスズやヤチスズより産卵器がやや長い。体長♂ 8.1 mm，♀ 8.0 mm。湿地にすむ。ジー・ジーと単調に鳴く。卵越冬で夏〜秋に成虫。北海道？，本州，九州，佐渡島に分布する。／(♀)：山口県錦町(現 岩国市)2006 年 9 月

ネッタイヤチスズ *Pteronemobius indicus*　　●ヒバリモドキ科

ヤチスズに酷似するが，卵越冬ではない。体長♂ 7.7 mm，♀ 7.4 ～ 8.2 mm。湿地にすむ。ジ——と長く鳴き，急に鳴き終わる。周年成虫。南西諸島（トカラ列島以南）に分布する。／左(♀)・右(♂)：奄美大島 2008 年 6 月

ヒメスズ *Pteronemobius nigrescens*　　●ヒバリモドキ科

体は黒褐色で，光沢が強い。小顎髭は白い。体長♂ 5.5 ～ 5.7 mm，♀ 5.3 ～ 6.2 mm。森林のうす暗い林床で落葉のたまった地表にすむ。ビー・ビーと弱く鳴く。本州では秋に成虫。本州，四国，九州，小笠原諸島？，壱岐，奄美大島，沖縄島，西表島に分布する。／左(♂)：大阪府豊能町 2007 年 9 月，右(♀)：淡路島 2007 年 9 月

リュウキュウチビスズ　*Pteronemobius sulfurariae*　　●ヒバリモドキ科

体は暗褐色で光沢がある。後腿節には不明瞭なまだら模様がある。体長♂6.1〜7.0 mm，♀6.7〜7.5 mm。林縁や湿地の地表にすみ，やや局所的。ジー・ジーとマダラスズに似た声で鳴く。本州では秋に成虫，南西諸島では7〜12月に成虫。本州（新潟県，関東，静岡県），南西諸島（トカラ列島以南）に分布する。/ 左(♂)・右(♀)：奄美大島2007年10月

マダラスズ　*Dianemobius nigrofasciatus*　　●ヒバリモドキ科

体の光沢は乏しい。後腿節には明瞭な黒斑がある。体長♂6.2〜7.7 mm，♀6.4〜7.4 mm。明るい草地や裸地にすみ，市街地にも普通。ジー・ジーと区切って鳴く。年1〜2化で夏〜秋に成虫。北海道，本州，四国，九州，南西諸島（奄美大島以北）に分布する。ネッタイマダラスズ *D. fascipes* は酷似するがやや小さく，周年発生。体長♂5.7 mm，♀5.8 mm。生息環境はマダラスズと同様。八重山列島に分布する。沖縄島には分布せず，マダラスズとは分布が連続しない。/ 左(♂)：奈良県奈良市護国神社2009年10月，右(♀)：兵庫県小野市2007年10月

ハマスズ *Dianemobius csikii* ●ヒバリモドキ科

生息地の砂地によく似ている。体長♂ 6.7 mm，♀ 7.4 mm。自然度の高い砂浜などの砂地にすみ，まれに河原にもいる。ジー・ジーと鳴き，時おりチョンと短い音を入れる。秋に成虫。本州，四国，九州，南西諸島（徳之島以北）に分布する。／左(♂)・右(♀)：京都府久美浜町 2006 年 9 月

カワラスズ *Dianemobius furumagiensis* ●ヒバリモドキ科

マダラスズに似るが，やや大きく，翅の基部が白い。体長♂ 8.4 mm，♀ 7.5 mm。礫の積み重なったところにすみ，河川の中流の河原や鉄道の線路敷石の間にいる。チリチリチリ…と鳴く。秋に成虫。本州，四国，九州に分布する。／左(♂)：大阪府豊能町 2007 年 9 月，右(♀)：長野県富士見町 2009 年 9 月

シバスズ　*Polionemobius mikado*　　　●ヒバリモドキ

体は茶褐色で側部に太い黒帯がある。体長♂ 6.1 mm，♀ 6.6 mm。明るく丈の低い草地にすみ，都市公園などにも普通。ジーーーと長く鳴く。年1〜2化で夏〜秋に成虫。北海道，本州，四国，九州，小笠原諸島，対馬，奄美大島，徳之島に分布する。/ 上(♂)：大阪府能勢町 2006年9月，下(♀)：奈良県北葛城郡 2009年9月

ネッタイシバスズ *Polionemobius taprobanensis* ●ヒバリモドキ科

シバスズに酷似するが，産卵器が短く，鳴き声が異なり，ジー・ジーと短く切って鳴く。体長♂6.7 mm，♀7.3 mm。明るい草地にすむ。周年成虫。南西諸島（徳之島以南）に分布する。／左(♂)・右(♀)：与那国島 2009 年 4 月

ヒゲシロスズ *Polionemobius flavoantennalis* ●ヒバリモドキ科

体は黒く，触角の基部半分は白い。体長♂6.0 mm，♀6.8 mm。深い草むらの地表にすむ。フィリリリリ…と鳴く。クサヒバリの声に似るがやや弱い。秋に成虫。本州，四国，九州，対馬に分布する。／左(♂)・右(♀)：大阪府堺市 2009 年 11 月

●ヒバリモドキ科①

ヤマトヒバリ♂♀　　フタイロヒバリ♂♀　　ネッタイヒバリ♂♀　　カヤヒバリ♂♀

キンヒバリ♂♀　　セグロキンヒバリ♂♀　　クロメヒバリ♂♀　　タイワンカヤヒバリ♂♀

クサヒバリ♂♀　　オキナワヒバリモドキ♂♀　　クロヒバリモドキ♂♀　　キアシヒバリモドキ♂♀

オガサワラヒバリモドキ♂♀　　チャマダラヒバリモドキ♂♀　　ウスグモスズ♂♀　　カルニーウブゲヒバリ♂♀

マングローブスズ♂♀　　イソスズ♂♀　　ハマコオロギ♂♀

●ヒバリモドキ科②

ダイトウウミコオロギ♂♀　　ウスモンナギサスズ♂♀　　ナギサスズ♂♀

エゾスズ♂♀　　キタヤチスズ♂♀　　ヤチスズ♂♀

ネッタイヤチスズ♂♀　　ヒメスズ♂♀　　リュウキュウチビスズ♂♀

マダラスズ♂♀　　ネッタイマダラスズ♂♀　　ハマスズ♂♀

297

●ヒバリモドキ科③

カワラスズ♂♀ 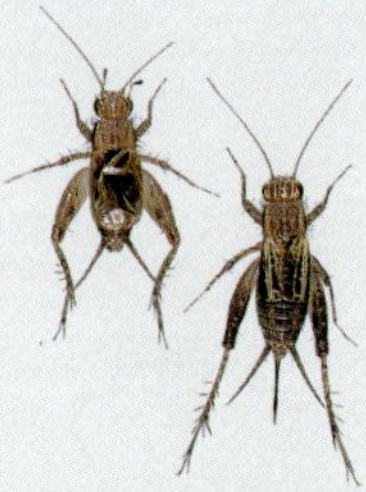　　シバスズ♂♀ 　　ネッタイシバスズ♂♀ 　　ヒゲシロスズ♂♀

●カネタタキ科

カネタタキ♂♀ 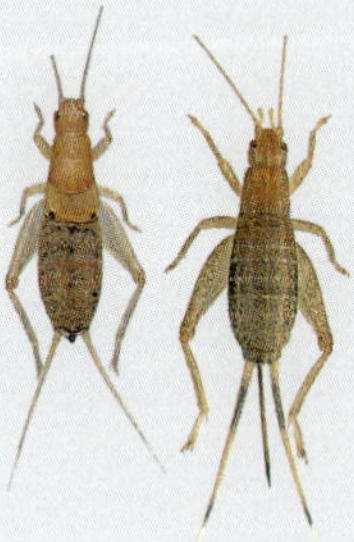　　イソカネタタキ♂♀ 　　オガサワラカネタタキ♂♀ 　　リュウキュウカネタタキ♂♀

ヒルギカネタタキ♂♀ 　　アシナガカネタタキ♂♀ 　　アシジマカネタタキ♂♀

フトアシジマカネタタキ♂♀ 　　イリオモテアシジマカネタタキ♂♀ 　　オチバカネタタキ♂♀

●カネタタキ科 Mogoplistidae

小型で扁平。体が鱗片で覆われる。通常♂は短翅で♀は無翅。樹上や林の地表付近にすむ。

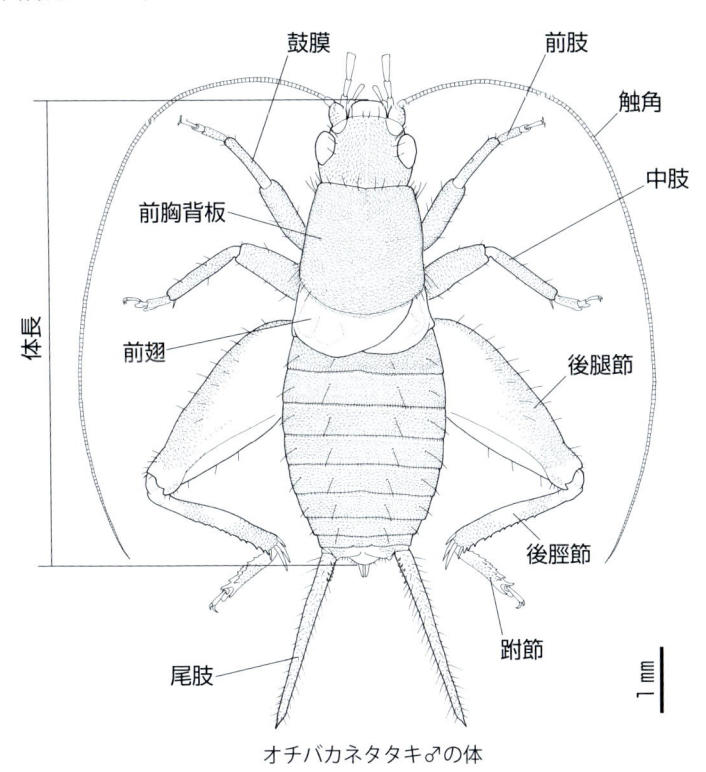

図中のラベル: 鼓膜、前肢、触角、中肢、前胸背板、後腿節、前翅、後脛節、跗節、尾肢、体長、1 mm

オチバカネタタキ♂の体

カネタタキ♂　　アシジマカネタタキ♀　　ヒルギカネタタキ♂

カネタタキ　*Ornebius kanetataki*

鱗片は灰褐色。♂の前胸背後縁に細い白帯がある。♂の翅は黒褐色。体長 7 〜 11 mm。樹上性で，林縁や人家の生垣などに普通。チン・チン…と鳴く。本州では秋に成虫，南西諸島では周年成虫。本州，四国，九州，伊豆諸島，小笠原諸島，対馬，南西諸島に分布する。/ 上(♂)：奈良県生駒市 2009 年 9 月，下左(♂)：和歌山県かつらぎ町 2006 年 10 月，下右(♀)：兵庫県川西市 2006 年 10 月

ソカネタタキ　　*Ornebius bimaculatus*　　　　　　　　　　　　　●カネタタキ科

鱗片は淡黄色。♂の翅は黄色で後縁に1対の小黒点がある。♀の尾肢先端に白色部がある。体長11〜15mm。主に海岸の低木上にすむ。チリリリリ…と連続して鳴く。本州では秋に成虫，南西諸島では周年成虫。本州(房総半島以西)，四国，九州，伊豆諸島，小笠原諸島，南西諸島に分布する。／上(♂と♀)：奄美大島2007年10月，下左(♂)：西表島2005年4月，下右(♀)：与那国島2009年4月

301

リュウキュウカネタタキ　*Ornebius longipennis ryukyuensis*

腹部背面の中間節と末節は黒い。♂の翅は橙褐色。尾肢はきわめて長い。体長 11 〜 14 mm。低地林や海岸林の樹上にすむ。チン・チン・チリンと鳴く。7 〜 10 月に成虫。南西諸島に分布する。オガサワラカネタタキ *O. l. longipennis* は原名亜種で，小笠原諸島に分布する。／上(♂)：沖縄島 2009 年 10 月，下(♀)：西表島 2008 年 10 月

ヒルギカネタタキ　*Ornebius fuscicerci*　　カネタタキ科

鱗片は白色と黒色で，明瞭な斑紋を形成する。♂の翅は橙黄色。体長 7 〜 10 mm。マングローブ林の海寄りでヒルギ類樹上にすむ。チン・チン…と鳴く。7 〜 10 月に成虫。種子島，奄美大島，沖縄島，石垣島，西表島に分布する。/ 上(♂)：種子島 2010 年 8 月，下左(♀)・下右(♂)：奄美大島 2007 年 10 月

アシジマカネタタキ *Ectatoderus annulipedus*

鱗片は黒褐色〜茶褐色。♂の翅は前胸に覆われて見えない。産卵器は上に曲がる。体長6〜11mm。林縁の低木上や林床の落葉の間にすむ。鳴き声は高音で小さく聞こえない。本州では秋に成虫。本州，四国，九州，伊豆諸島，南西諸島に分布する。南西諸島には近似の別種が複数含まれ，再検討を要する。／上（♂）・下（♀）：奄美大島 2007年10月

トアシジマカネタタキ　*Ectatoderus* sp.　カネタタキ科

アシジマカネタタキに似るが，♂は翅が前胸の後にわずかに見えている。体長♂9.9〜10.7 mm，♀9.6〜10.2 mm。林床にすむ。チン・チリリ…と鳴く。トカラ列島，久米島に分布する。イリオモテアシジマカネタタキ *E.* sp. は腹部に黒斑があり，♂の翅はわずかに見える。体長♂7.2 mm，♀6.1 mm。西表島に分布する。アシナガカネタタキ *Cycloptiloides longipes* は小型で，♂の前胸は後方に伸びて翅は見えない。体長5 mm。家屋内で採集され，本来の生息環境は不明。おそらく鳴かない。7月に成虫採集例がある。トカラ列島宝島，沖永良部島に分布する。／上(♂)・下(♀)：久米島2009年6月

オチバカネタタキ　*Tubarama iriomotejimana*

鱗片は灰白色と黒褐色で複雑な斑紋を形成する。♂の翅は黒色。体長 5.0 〜 6.5 mm。やや乾燥した海岸林の落葉の間にすむ。ジ・ジ・ジ・ジジジ…と鳴く。ほぼ周年成虫。南西諸島に分布する。／上(♂)：西表島 2006 年 5 月，下(♀)：石垣島 2005 年 5 月

●アリツカコオロギ科 Myrmecophilidae

きわめて小型。体は卵形で翅はなく，鳴かない。好蟻性で，アリの巣内やその周辺にすむ。体表の鱗毛などの微細構造により分類されるが，肉眼で見分けるのは難しい。共生アリの種名によってある程度の同定は可能。研究は十分ではないため，本書では簡単に紹介するにとどめる。

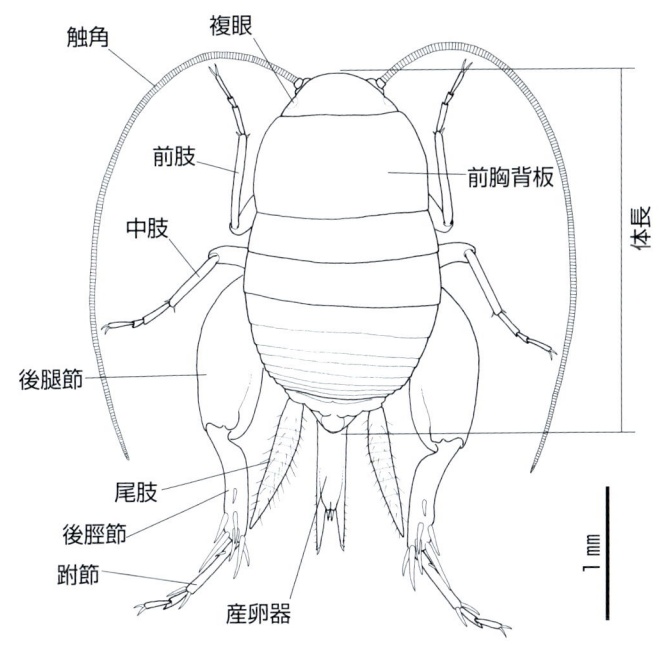

テラニシアリツカコオロギ♀の体

サトアリツカコオロギ♂　　オオアリツカコオロギ♀　　サトアリツカコオロギ♂

テラニシアリツカコオロギ　*Myrmecophilus teranishii*　●アリツカコオロギ

寄主はケアリ亜属。体長 2.1 〜 2.6 mm。本州(西部)，四国，九州に分布する。アリツカコオロギ科には他に以下の種が知られる。アリツカコオロギ *M. sapporensis*。寄主はケアリ亜属やキイロケアリ。体長 2.0 〜 2.5 mm。北海道，本州(北部)に分布する。オオアリツカコオロギ *M. gigas*。寄主はムネアカオオアリ。大型で，体長 5.8 〜 6.0 mm。本州，四国，九州に分布する。クマアリツカコオロギ *M. horii*。寄主はエゾアカヤマアリ亜属，クロヤマアリ亜属。体長 3.8 〜 5.0 mm。北海道に分布する。クボタアリツカコオロギ *M. kubotai*。寄主は主にクロオオアリ，エゾアカヤマアリ，クロヤマアリ亜属。体長 3.3 〜 4.0 mm。本州に分布する。クサアリツカコオロギ *M. kinomurai*。寄主はクサアリ亜属。体長 4.0 〜 4.2 mm。北海道，本州，四国，九州に分布する。ウスイロアリツカコオロギ *M. ishikawai*。寄主はアメイロケアリ亜属。体長 3.8 〜 4.0 mm。本州に分布する。ミナミアリツカコオロギ *M. formosanus*。寄主は主にオオズアリ類やトゲオオハリアリ。体長 3.5 〜 4.2 mm。小笠原諸島，沖縄諸島，八重山列島，大東諸島に分布する。／左(♂)：大阪府大阪市千島公園 2008 年 5 月，右(♀)：大阪府大阪市生玉神社 2010 年 3 月

ナトアリツカコオロギ *Myrmecophilus tetramorii* ●アリツカコオロギ科

寄主は主にトビイロシワアリ。体長 1.7 〜 1.9 mm。本州，四国，九州に分布する。／上
(♂)：大阪府豊中市大阪大学構内 2008 年 9 月，下(♀)：大阪府大阪市長居公園 2008 年 5 月

シロオビアリツカコオロギ *Myrmecophilus albicinctus* ●アリツカコオロギ

寄主は主にアシナガキアリ。黒褐色で中胸背板に白横帯がある。体長 2.5 ～ 2.8 mm。沖縄諸島，八重山列島に分布する。/(♂)：沖縄島西原町 1995 年 5 月（村山 望）

●アリツカコオロギ科（種名はアリツカコオロギを省略）

アリツカコオロギ♂　テラニシ♂♀　サト♂♀　オオ♀　クマ♂♀

クボタ♂♀　クサ♂♀　ウスイロ♀　シロオビ♂♀　ミナミ♂♀

●ケラ科 Gryllotalpidae

前肢はシャベルのように頑丈で、地中にもぐって生活する。♀の産卵器はない。雑食性。

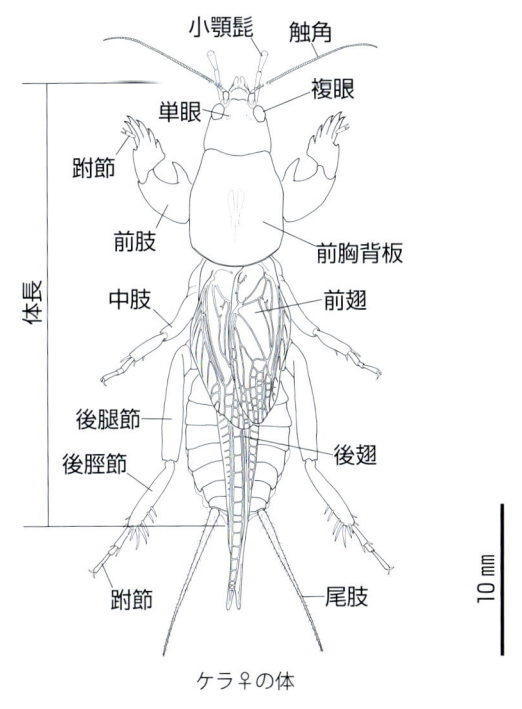

ケラ♀の体

図中ラベル: 小顎髭、触角、単眼、複眼、跗節、前肢、中肢、前胸背板、前翅、後腿節、後脛節、後翅、跗節、尾肢、体長、10 mm

左・上 ケラ♂
ケラ♀
右・下 ケラ♀

ケラ　*Gryllotalpa orientalis*

♀にも翅に発音器があるが，♂ほど発達していない。体長 30 〜 35 mm。湿った草地や田畑などの土中にすみ，灯火に飛来する。♂は長くジ——と鳴き，♀は短く断続的に鳴く。ほぼ周年成虫。日本全土に分布する。/上(♀)：高知県四万十市 2009 年 6 月，下左(♀)：兵庫県川西市 2006 年 7 月，下右(巣内の♂)：奈良県橿原市 1999 年 7 月

●ノミバッタ科 Tridactylidae

小型。おおむね黒色で多少の白斑がある。後肢が発達してよくはねる。日本産では発音は知られない。地表性で，土粒をつみあげて巣のようなものをつくる。地表の藻類などを食べる。

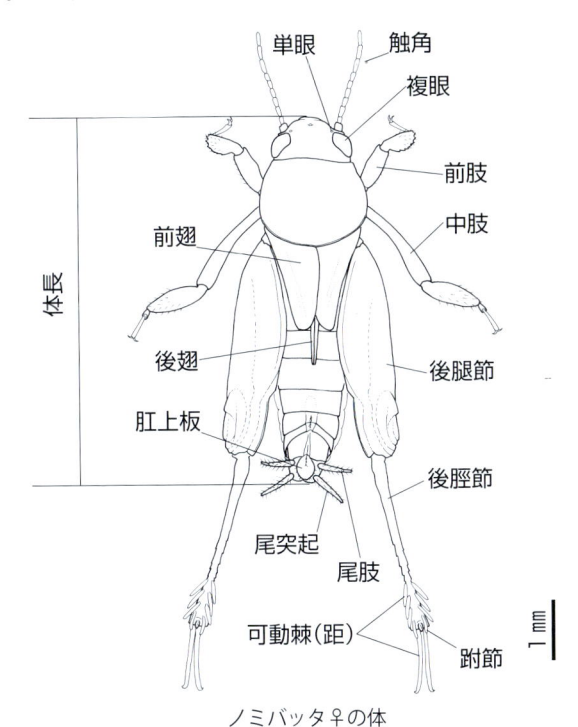

図中のラベル: 単眼, 触角, 複眼, 前肢, 中肢, 前翅, 体長, 後翅, 後腿節, 肛上板, 後脛節, 尾突起, 尾肢, 可動棘(距), 跗節

ノミバッタ♀の体

ノミバッタ♂　　　マダラノミバッタ♀　　　ツノジロノミバッタ♀

ノミバッタ　*Xya japonica*　　●ノミバッタ

白斑は少なく，やや銅色を帯びた光沢がある。触角は黒色。体長 4～6 mm。やや湿った裸地にすみ，畑地や河川敷に多い。成虫は春と秋によく見られ，成虫越冬。北海道，本州，四国，九州に分布する。／上(♂)・下(♀)：愛知県豊田市 2009 年 5 月

ニトベノミバッタ　*Xya nitobei*　　●ノミバッタ科

後腿節にやや大きな白斑がある。体の光沢は乏しい。触角は黒色。体長 4～5 mm。草深い場所近くの裸地にすむが，やや局所的。成虫は秋に採集例が多い。奄美大島，徳之島，沖縄島，西表島に分布する。/ 上(♂)・下(♀)：西表島 2008 年 10 月

マダラノミバッタ *Xya riparia*

●ノミバッ

白斑は個体変異があり，♀でよく発達する傾向がある。体の光沢は非常に強い。触角は黒色。体長4〜5mm。湿った裸地にすむ。周年成虫。南西諸島(奄美大島以南)に分布するが，本州(大阪府，兵庫県)の採集例もある。／上(♂)：西表島2007年6月，下(♀)：西表島2008年10月

ノジロノミバッタ *Xya apicicornis*　　　　●ノミバッタ科

触角は先端2〜3節が白い。後腿節に大きな白斑がある。体の光沢はやや強い。体長4〜5mm。よく湿った裸地にすむ。周年成虫。西表島，与那国島に分布する。／上(♂)・下(♀)：西表島 2008年10月

● ノミバッタ科

ノミバッタ♂♀　　　　　　　　　ニトベノミバッタ♂♀

マダラノミバッタ♂♀　　　　　　ツノジロノミバッタ♂♀

ノミバッタのコロニー

　ノミバッタの仲間は地表で土粒をつみあげてドーム状の巣をつくる。多数の個体が隣接して巣をつくるため，大きなコロニーのようになることが多い。この巣の天井は大変もろく，巣の中にいるノミバッタは危険を感じると巣内で跳躍して天井を突き破り，巣外へ脱出することができる。地面を叩いてコロニーのノミバッタを驚かせると，巣のあちこちがはじけてかくれていたノミバッタが飛び出してくる。

ニトベノミバッタのコロニー

●ヒシバッタ科 Tetrigidae

小型。前胸が後方へ伸長して腹部背面を覆う。翅は長短さまざまだが，前翅は長翅種でも小さい。発音は知られていない。主に地表性。

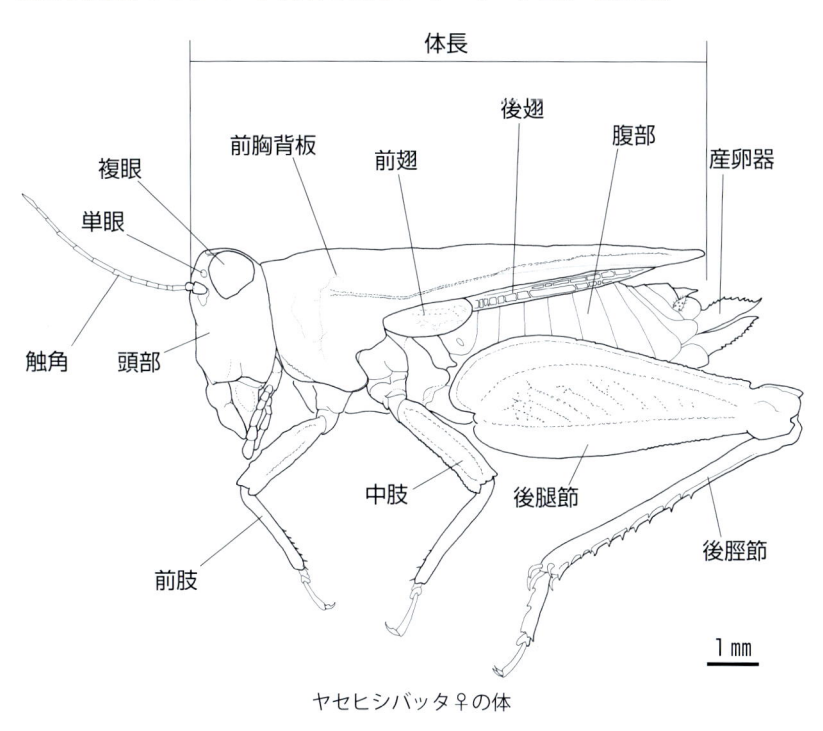

ヤセヒシバッタ♀の体

（図中のラベル：体長，複眼，単眼，触角，頭部，前胸背板，前翅，後翅，腹部，産卵器，前肢，中肢，後腿節，後脛節，1 mm）

ハネナガヒシバッタ♀　　アマミコケヒシバッタ♀　　ハラヒシバッタ♀

アマミヒラタヒシバッタ　*Austrohancockia amamiensis*　●ヒシバッタ

前胸は肩が幅広くアーチ状にはり出す。翅は退化する。体長♂約 10 mm，♀約 15 mm。森林内の落葉の上や朽木，樹幹などにいる。春に成虫が多く，秋にも少しいる。奄美大島，徳之島に分布する。／左(♂)・右(♀)：奄美大島 2010 年 10 月

オキナワヒラタヒシバッタ　*Austrohancockia okinawaensis*　●ヒシバッタ

アマミヒラタヒシバッタに似るが，前胸肩のはり出しが弱い。体長♂約 13 mm，♀ 13 〜 15 mm。生息環境はアマミヒラタヒシバッタと同様。5 〜 6 月，10 〜 11 月に成虫が多い。沖縄島，渡嘉敷島，伊平屋島，久米島に分布する。石垣島，西表島にも記録があるが，きわめてまれ。／左(♂)：沖縄島 2005 年 11 月，右(♀)：沖縄島 2008 年 4 月

イリメヒシバッタ　*Systolederus japonicus*　●ヒシバッタ科

長翅種で，一見ハネナガヒシバッタ類に似るが，後跗節の第3節は第1節とほぼ同長。頭頂は前方で狭くなる。体長 12 〜 13 mm。森林内の転石の多い河原にすむ。春〜夏に成虫が多い。奄美大島に分布する。／左(♂)・右(♀)：奄美大島 2008 年 6 月

チビヒシバッタ　*Salomonotettix hygrophilus*　●ヒシバッタ科

日本のヒシバッタ科で最小。翅は退化して表面からは見えず，前胸の前翅を入れるくぼみは不明瞭。体長♂ 5.9 〜 7.4 mm，♀ 7.3 〜 7.8 mm。原生林内の渓流沿いの岩の上にすむ。7月ごろに成虫が多い。石垣島，西表島，与那国島に分布する。／左(♂)：西表島 2006 年 5 月，右(♀)：西表島 2007 年 6 月

アマミコケヒシバッタ *Amphinotus amamiensis* ●ヒシバッ

前胸の背中のキールは強くアーチ状にもりあがる。体色は緑がかる。翅は退化して表面からは見えない。体長♂9 mm，♀14 mm。湿った森林内の地表や苔むした岩の上にすむ。7月ごろに成虫が多い。奄美大島に分布する。オキナワコケヒシバッタ *A. okinawaensis* は背中のキールはアマミコケヒシバッタよりも低く，体長♂6.5〜7.5 mm，♀10.5〜10.7 mm。生息環境はアマミコケヒシバッタと同様だが，沢沿いに多い。6月ごろに成虫が多い。沖縄島に分布する。／上(♂)・下(♀)：奄美大島2008年6月

ボトゲヒシバッタ   *Platygavialidium formosanum*   ●ヒシバッタ科

日本のヒシバッタ科の中で最大。前胸の側棘は鋭く，背面に小突起が多い。長翅。体長♂約 18 mm，♀ 21 〜 23 mm。森林内の渓流沿いの湿った岩の上にすむ。春〜夏に成虫が多い。石垣島，西表島に分布する。／上(♂)：西表島 2006 年 5 月，下(2 個体の♀)：西表島 2007 年 6 月

ナガレトゲヒシバッタ　*Eucriotettix oculatus transpinosus*　●ヒシバッタ

背中は比較的平滑。長翅で，よく飛ぶ。体長♂約 13 〜 15 mm，♀ 15 〜 17 mm。渓流沿い岩場に普通で，林縁の道路上にもいる。周年成虫。多良間島，石垣島，西表島に分布する。／上(♂)・下左(羽化殻)：西表島 2007 年 6 月，下右(♀)：西表島 2006 年 5 月

ゲヒシバッタ　*Criotettix japonicus*　　　●ヒシバッタ科

触角は太くて短い。長翅。体長♂17〜19mm，♀16〜21mm。湿地にすみ，河川敷や水田周辺に多い。秋〜春に成虫が見られ，成虫越冬。北海道(南部)，本州，四国，九州，対馬?，種子島に分布する。オキナワトゲヒシバッタ *C. okinawanus* はより小型で，触角はやや細く，頭頂は複眼より幅広い。体長♂15〜16mm，♀17〜19mm。水際の湿地にすむ。8月下旬〜1月に成虫。南西諸島(奄美大島以南)に分布する。/上(♂)：兵庫県猪名川町2008年9月，下左(♀)：兵庫県猪名川町2006年10月，下右(♀)：兵庫県猪名川町2008年10月

ミナミトゲヒシバッタ　*Criotettix saginatus*　●ヒシバッタ

オキナワトゲヒシバッタよりも触角が細く，頭頂幅は複眼幅とほぼ同長。体長♂ 15 〜 16 mm，♀ 17 mm。湿地にすむ。11 〜 3 月に成虫。石垣島，西表島に分布する。/(♀)：西表島 1999 年 6 月

ヨナグニヒシバッタ　*Hyboella aberrans*　●ヒシバッタ

トゲヒシバッタ類に似るが，側棘はなく，短翅。体長♂約 10 mm，♀約 12 mm。水田のあぜなどのまばらな草地にすむ。冬〜春に成虫。与那国島に分布する。/左(♀)・右(♂)：与那国島 2009 年 12 月（村松 稔）

ハネナガヒシバッタ　*Euparatettix insularis*　　●ヒシバッタ科

長翅でよく飛ぶ。前胸背面は細かく凹凸する。体長♂9.4〜9.7 mm，♀10.8〜13.2 mm。湿った裸地やまばらな草地に普通。成虫越冬で，秋〜春に成虫。北海道？，本州，四国，九州，伊豆諸島，屋久島，トカラ列島中之島に分布する。／上(♂)：兵庫県猪名川町 2008年10月，下(♀)：奈良県広陵町馬見丘陵公園 2008年12月

ミナミハネナガヒシバッタ　*Euparatettix histricus*　●ヒシバッ⟨

ハネナガヒシバッタに似るが, 触角は細く, 前胸背面の凹凸はより小さい。体長♂約9 mm, ♀ 10.3〜13.4 mm。湿った明るい草地に普通。周年成虫。南西諸島(トカラ列島以南)に分布する。／上(♂)・下(♀):西表島 2008年10月, 右中(前胸背がピンクの♀):西表島 1989年9月

ホソハネナガヒシバッタ　*Euparatettix tricarinatus*　　●ヒシバッタ科

前胸背面の凹凸はミナミハネナガヒシバッタより小さい。ナガヒシバッタにも似るが，前胸前縁は背中で上反する。体長♂ 10 〜 11 mm，♀ 12 〜 13 mm。明るい湿地にすむ。周年成虫。南西諸島に分布する。ナガヒシバッタ *Paratettix spicuvertex* はハネナガヒシバッタ類に似るが，前胸は前縁で上反しない。体長♂ 9.5 〜 12.5 mm，♀ 12.5 〜 14.5 mm。生態はよくわかっていない。沖縄島?，八重山列島に分布する。／上(♂)：久米島 2009 年 6 月，下(♀)：奄美大島 2008 年 6 月

ニセハネナガヒシバッタ *Ergatettix dorsifer* ●ヒシバッタ

ハネナガヒシバッタ類に似るが,複眼がより突出し,触角基部は複眼下縁より下にある。中腿節下縁や体の腹面には長毛を生じる。体長♂約12 mm,♀11〜15 mm。河原などの砂地にすむ。幼虫越冬で初夏〜秋に成虫。本州(関東以南),四国,九州,伊豆諸島,南西諸島(沖縄島以北)に分布する。／上(♂):愛媛県土居町(現 四国中央市)2008年5月,下(♀):徳島県脇町(現 美馬町)2008年9月

コカゲヒシバッタ　*Sciotettix sakishimensis*　●ヒシバッタ科

翅は退化して表面からは見えない。前胸の後端は丸く，正中のキールは不明瞭。体長♂約 8 mm，♀ 9.8～11 mm。森林内の落葉や岩の上にすむ。秋～春に成虫。石垣島，西表島に分布する。/左(♀)：西表島 2006 年 5 月，右(♀)：石垣島 2005 年 5 月

ヨナグニコカゲヒシバッタ　*Sciotettix yonaguniensis*　●ヒシバッタ科

コカゲヒシバッタに似るが，やや大型で，前胸の正中はより明確に隆起する。体長♂約 9 mm，♀ 11.3 mm。生息環境はコカゲヒシバッタと同様。与那国島に分布する。/左(♂)・右上(♀)・右下(♀)：与那国島 2005 年 5 月

コバネヒシバッタ *Formosatettix larvatus* ●ヒシバッタ

やや大型。翅は退化し表面からは見えず，前胸背板には前翅を入れるくぼみがなく，正中のキールは明瞭。体長♂9.8〜10.5 mm，♀11.3〜12.3 mm。林内や林縁の落ち葉の上にすむ。秋〜春に成虫が見られ，幼虫または成虫越冬。本州，四国，九州，対馬に分布する。/左上(♂)：和歌山県新宮市 2005年6月，左中(♂)：兵庫県猪名川町 2009年5月，左下(♂)・右下(♀)：対馬 2006年7月，右上(♀)・右中(♀)：滋賀県朽木村(現 高島市)2009年5月

ホクリクコバネヒシバッタ　*Formosatettix niigataensis*　●ヒシバッタ科

コバネヒシバッタに似るが，前胸背板は中央部が軽くくぼみ，前翅を入れる痕跡的なくぼみがあることが多い。ごく小さな翅が外から見える個体もいる。体長♂ 10.3 〜 10.5 mm，♀ 10.3 〜 14.3 mm。多雪地域の林縁にすむ。本州（東北，北関東，中部，北陸）に分布する。／左(♂)・右(♀)：山形県西川町 2009 年 5 月

トウカイコバネヒシバッタ　*Formosatettix tokaiensis*　●ヒシバッタ科

コバネヒシバッタやホクリクコバネヒシバッタよりも小型で，複眼間の頭頂幅が狭い。体長♂ 8.7 mm，♀ 10 mm。林縁のガレ場的なところを好む傾向があり，コバネヒシバッタと混生することがある。本州（埼玉県，東京都，神奈川県，長野県，山梨県，静岡県，岐阜県，愛知県）に分布する。スルガコバネヒシバッタ *F. surugaensis* はよく似るが，触角がより太い。体長♂ 8.3 〜 9.7 mm，♀ 10.8 〜 12.9 mm。本州（南アルプス高山帯）に分布する。／左(♂)・右(♀)：愛知県豊田市 2009 年 5 月

モリヒシバッタ *Tetrix silvicultrix* ●ヒシバッタ

後翅は短く，前翅の後方に少し見える。前胸背の正中はキール状に隆起する。体長♂ 8.9〜9.6 mm，♀ 9.9〜10.9 mm。林縁の地表にすむ。春に成虫。本州（愛知県〜岡山県），小豆島に分布する。モリヒシバッタによく似た短翅のヒシバッタは地理的変異が多くあり，数種が記載されているが，分類は難しい。/ 左上(♂)・左中(♂)・左下(♂)：兵庫県猪名川町 2009 年 5 月，右上(♀)・右中(♀)：兵庫県猪名川町 2006 年 7 月，右下(♀)：大阪府豊能町 2009 年 6 月

アズマモリヒシバッタ　*Tetrix kantoensis*　　●ヒシバッタ科

モリヒシバッタに似る短翅種。前胸背正中の隆起は弱く，後翅はより小さく退化する。体長♂ 8.3〜9.1 mm，♀ 9.2〜10 mm。林縁の地表にすむ。本州（東北南部〜関東）に分布する。ニッコウヒシバッタ *T. nikkoensis* はよく似るが，頭部の幅がやや広く，前胸背先端はしばしば上反する。本州（日光山地）に分布する。サドヒシバッタ *T. sadoensis* は触角がやや太短く，体は上下に平圧される。佐渡島に分布する。／左（♂）・右（♀）：埼玉県神泉村（現 神川町）2008 年 6 月

チチブヒシバッタ　*Tetrix chichibuensis*　　●ヒシバッタ科

短翅種。アズマモリヒシバッタに似るが，前胸背板の前翅が入るくぼみは小さく，前翅もやや退化して小さい。♂ 8.7〜9.2 mm，♀ 9.6〜10.7 mm。やや乾燥した林縁地表にすむ。本州（秩父山地）に分布する。／左（♂）・右（♀）：埼玉県両神山 2008 年 6 月

アカギヒシバッタ　*Tetrix akagiensis*　　●ヒシバッタ

体が太い短翅種。前胸背はやや短い。♂ 8.5 〜 9.3 mm，♀ 9 〜 10 mm。他の短翅種と異なり，乾燥した草地や裸地，ササ原など開けた環境にすむ。本州(群馬県赤城山)に分布する。／左(♂)・右(♀)：群馬県赤城山 2008 年 6 月

ギフヒシバッタ　*Tetrix gifuensis*　　●ヒシバッタ

短翅種。体が太く，頭頂は比較的狭い。♂ 7.3 〜 7.9 mm，♀ 8.8 mm。林縁の小規模な湿地にすむ。本州(岐阜県，愛知県)に分布する。／左(♂)・右(♀)：岐阜県土岐市 2009 年 5 月

ミウソウサワヒシバッタ *Tetrix wadai* ●ヒシバッタ科

アズマモリヒシバッタに似る短翅種で，後翅は小さい。体はやせていて複眼がやや大きい。体長♂約 7 mm，♀約 9 mm。沢沿いの森林の地表にすむ。渓流そのものに生息するわけではない。春に成虫。本州(房総半島)に分布する。／上(♂)・下(♀)：千葉県鴨川市 2010年6月

ハラヒシバッタ　*Tetrix japonica*　　●ヒシバッ

体は太く，産卵器は幅広い。中翅で，後翅は前胸後端にややとどかない。体長♂7.7～9.8 mm，♀8.9～13.5 mm。明るい草地や裸地に普通。春～秋に成虫。北海道，本州，四国，九州，佐渡島，伊豆大島に分布する。北海道には触角がやや太く，前胸背板の彫刻がめだつものがあり，エゾハラヒシバッタ *Tetrix* sp. とされる。/上(♂)・中左(♀)・下左(♀)・中右(♀)：大阪府能勢町 2006年6月，下右(♀)：兵庫県猪名川町 2008年10月

ヤセヒシバッタ　*Tetrix macilenta*　●ヒシバッタ科

ハラヒシバッタに似るが，やや細長く，産卵器はより細い。体長♂ 8.1 〜 10 mm，♀ 9.7 〜 11.2 mm。林道沿いなどの明るい林縁にすむ。春〜秋に成虫。本州，四国，九州，伊豆諸島に分布する。／左(♂)：奈良県上北山村 2008 年 8 月，右(♀)：滋賀県朽木村(現 高島市)2009 年 5 月

ニメヒシバッタ　*Tetrix minor*　●ヒシバッタ科

ヤセヒシバッタよりも小型で細く，長翅が多い。体長♂ 7.9 〜 9.3 mm，♀ 8 〜 11 mm。河川敷などのやや湿った草地にすむ。南西諸島では山間の小さい草地にもいる。本州では春や秋に成虫が多い。北海道，本州，四国，九州，対馬，南西諸島に分布する。／左(♂)・右(♀)：奄美大島 2007 年 10 月

ノセヒシバッタ *Alulatettix fornicatus* ●ヒシバッタ

前翅・後翅とも小さく，表面からわずかに見える。前胸背正中はキールがアーチ状に発達する。体長♂9.3〜9.9 mm，♀9.8〜11.8 mm。やや明るい林床にすむ。春に成虫。本州(愛知県以西)，四国，九州，隠岐に分布する。／左(♂)：大阪府妙見山 2005 年 5 月，右(♀)：大阪府豊能町 2009 年 6 月

セダカヒシバッタ *Hedotettix gracilis* ●ヒシバッタ

前胸背正中は弧状のキールがよく発達する。中翅型と長翅型がある。♂の中腿節は幅広い。体長♂8.8〜12.5 mm，♀9.0〜15 mm。やや乾いた浅い草地に普通。ほぼ周年成虫。南西諸島(奄美大島以南)に分布する。／左(♂)・右(♀)：奄美大島 2008 年 6 月

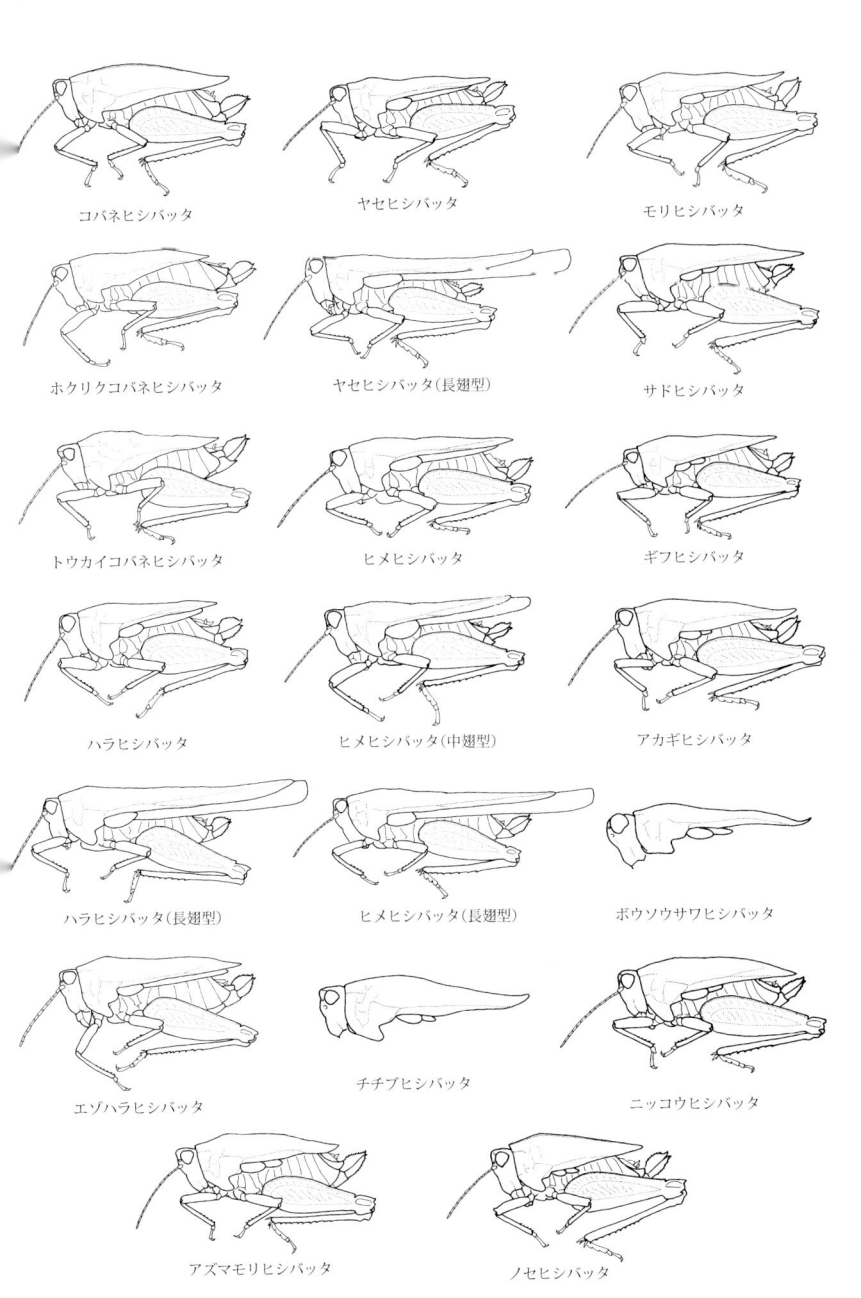

コバネヒシバッタ　　ヤセヒシバッタ　　モリヒシバッタ

ホクリクコバネヒシバッタ　　ヤセヒシバッタ(長翅型)　　サドヒシバッタ

トウカイコバネヒシバッタ　　ヒメヒシバッタ　　ギフヒシバッタ

ハラヒシバッタ　　ヒメヒシバッタ(中翅型)　　アカギヒシバッタ

ハラヒシバッタ(長翅型)　　ヒメヒシバッタ(長翅型)　　ボウソウサワヒシバッタ

エゾハラヒシバッタ　　チチブヒシバッタ　　ニッコウヒシバッタ

アズマモリヒシバッタ　　ノセヒシバッタ

ヒシバッタ類の側面図(日本直翅類学会，2006 より改写)

●ヒシバッタ科①

アマミヒラタヒシバッタ♂♀　　オキナワヒラタヒシバッタ♂♀　　ヨリメヒシバッタ♂♀　　　　チビヒシバッタ♂♀

オキナワコケヒシバッタ♂♀　アマミコケヒシバッタ♂♀　　イボトゲヒシバッタ♂♀　　ナガレトゲヒシバッタ♂♀

オキナワトゲヒシバッタ♂♀　トゲヒシバッタ♂♀　　ミナミトゲヒシバッタ♂♀　　　ヨナグニヒシバッタ♂

ハネナガヒシバッタ♂♀　ミナミハネナガヒシバッタ♂♀　　　　　　　　　　　　　ニセハネナガヒシバッタ♂♀
　　　　　　　　　　　　　　　　　　　ホソハネナガヒシバッタ♂♀　ナガヒシバッタ♂

コカゲヒシバッタ♂♀　　　　　　　　　　　　　　　　　　　　　　　　　　　　スルガコバネヒシバッタ♂♀
　　　　　　　　ヨナグニコカゲヒシバッタ♂♀　トウカイコバネヒシバッタ♂♀

342

●ヒシバッタ科②

コバネヒシバッタ♂♀　ホクリクコバネヒシバッタ♂♀　エゾハラヒシバッタ♂♀　モリヒシバッタ♂♀

ハラヒシバッタ♂♀　ヤセヒシバッタ♂♀　ヒメヒシバッタ♂♀　サドヒシバッタ♂♀

ギフヒシバッタ♂♀　アカギヒシバッタ♂♀　ボウソウサワヒシバッタ♂♀　ニッコウヒシバッタ♂♀

チチブヒシバッタ♂♀　アズマモリヒシバッタ♂♀　セダカヒシバッタ♂♀　ノセヒシバッタ♂♀

●オンブバッタ科 Pyrgomorphidae

日本産は中型で，頭部がとがる。ショウリョウバッタのような体形だが，より小型で，頭頂に縦の溝がある。鳴かない。

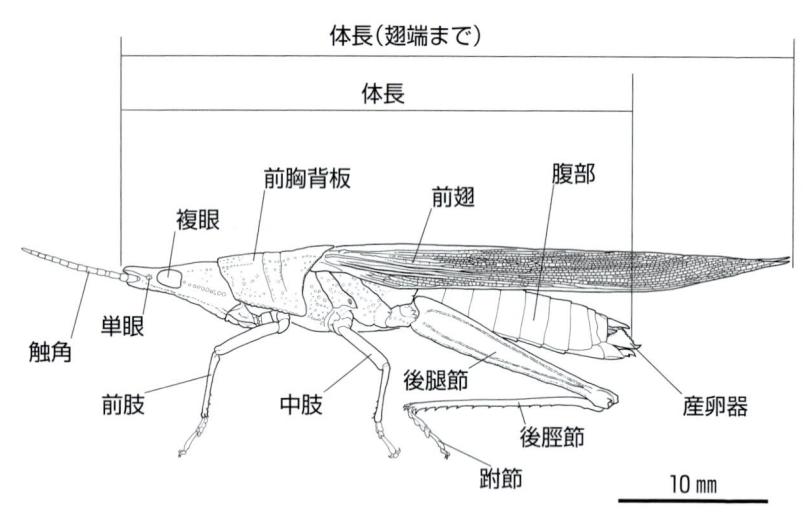

アカハネオンブバッタ♀の体

（図中ラベル：体長（翅端まで）、体長、前胸背板、前翅、腹部、複眼、単眼、触角、前肢、中肢、後腿節、後脛節、跗節、産卵器、10 mm）

オンブバッタ♀

ヒメオンブバッタ♀　アカハネオンブバッタ♂　オンブバッタ♀　ヒメオンブバッタ♀

オンブバッタ　*Atractomorpha lata*　　●オンブバッタ科

緑色型と褐色型がある。後翅はごくうすい黄色。頭頂が長く，眼から触角までの距離は眼の長径とほぼ同長。体長♂ 20～25 mm，♀ 40～42 mm。背の低い草地にすみ，都市部にも普通。秋に成虫。ほぼ日本全土に分布する。／上(♂と♀)：大阪府四條畷市むろいけ園地 2009年9月，下(交尾)：奈良県奈良公園 2005年9月

ヒメオンブバッタ *Atractomorpha angusta* ●オンブバッタ

オンブバッタに似るが，より小型で，頭頂はやや短く，後翅はうすいピンク色またはうすい黄色。体長♂約 19 mm，♀約 30 mm。最近見つかった種で，生態はまだよくわかっていない。本州，四国，九州に分布する。/(交尾)：対馬 2007 年 9 月

アカハネオンブバッタ *Atractomorpha sinensis sinensis* ●オンブバッタ

オンブバッタより頭頂が短く，眼から触角までの距離は眼の長径の約半分。後翅は赤い。体長♂ 20 〜 25 mm，♀ 40 〜 42 mm。林縁や草地に普通。ほぼ周年成虫。南西諸島(トカラ列島以南)に分布する。/(♂と♀)：石垣島 2008 年 10 月

●オンブバッタ科

オンブバッタ 上♂下♀

アカハネオンブバッタ 上♂下♀

ヒメオンブバッタ 左♂右♀

オンブバッタ♀開翅　　アカハネオンブバッタ♀開翅　　ヒメオンブバッタ♀開翅

背面
側面

5 mm

1. オンブバッタ　　2. アカハネオンブバッタ　　3. ヒメオンブバッタ

オンブバッタ属3種の頭部の特徴（日本直翅類学会，2006より）

上：♂，下：♀。1. オンブバッタ：眼と触角の距離が眼の長径と同じくらい。後翅は赤くない。2. アカハネオンブバッタ：頭頂はやや短い。後翅はピンク。3. ヒメオンブバッタ：眼と触角の距離が短く，眼の長径の半分くらい。後翅はピンク色またはうすい黄色。

●バッタ科 Acrididae

中〜大型。体は頑丈で，翅は長短さまざま。前胸腹側の前肢の間に下垂する突起があるものをイナゴ科とすることがある。主に草原や林床にすむ。長翅のものは翅と後腿節をこすり合わせて鳴く種がかなりあるが，聞き取りにくいことが多い。本書ではバッタ科の鳴き声は顕著なもののみ記す。

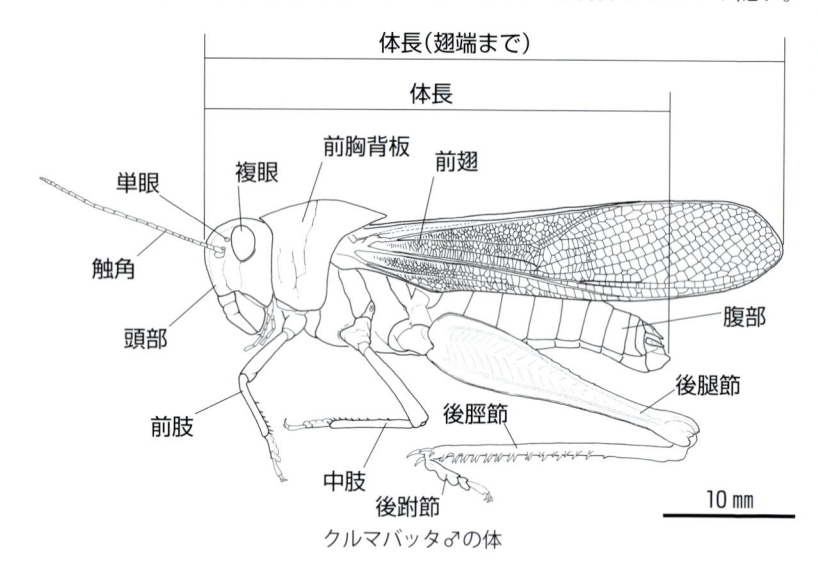

図：クルマバッタ♂の体（体長（翅端まで），体長，単眼，複眼，前胸背板，前翅，触角，頭部，腹部，前肢，後腿節，中肢，後脛節，後跗節）　10 mm

ハネナガイナゴ♂

トノサマバッタ♂

クルマバッタモドキ♂

カアシホソバッタ　*Stenocatantops mistschenkoi*　●バッタ科

体は褐色。長翅で，後翅は淡褐色で特に斑紋はない。複眼には細かい縦すじがある。体長♂ 34〜38 mm，♀ 42〜47 mm。林縁の明るい草地にすむ。11〜4月に成虫が多い。南西諸島（奄美大島以南）に分布する。／上(♂)・下左(♀)・下右(♀)：沖縄島 2008年4月

アマミモリバッタ　*Traulia ornata amamiensis* ●バッタ

翅はやや長く，体は褐色で後脛節先半は橙赤色。体長♂ 24 〜 29 mm，♀ 38 〜 41 mm。山地の林内や林縁にすむ。ほぼ周年成虫。奄美大島，加計呂麻島，徳之島，沖永良部島に分布する。／上(♂)・下(♀)：奄美大島 2007 年 10 月

キナワモリバッタ　*Traulia ornata okinawaensis*　●バッタ科

翅は短く，体は褐色で後脛節先半は橙赤色。体長♂23〜31 mm，♀37〜44 mm。低地や山地の林内や林縁にすむ。ほぼ周年成虫。与論島，伊是名島，伊平屋島，沖縄島，粟国島，渡嘉敷島，座間味島，久米島に分布する。／左上(♂)：久米島 2006年11月，左下(幼虫)：久米島 2009年6月，右(♀)：沖縄島 2005年11月

イシガキモリバッタ　*Traulia ishigakiensis ishigakiensis*

翅はやや長く，体は淡褐色〜黄褐色。後脛節先半は黄色だが，やや青色がかることもある。体長♂ 24〜29 mm，♀ 35〜38 mm。低地や山地の林内や林縁にすむ。ほぼ周年成虫。宮古島，多良間島，石垣島，竹富島，黒島に分布する。／上左(♂)・上右(♂)：石垣島 2006年5月，下(♀)：石垣島 2007年6月

リオモテモリバッタ *Traulia ishigakiensis iriomotensis*　　●バッタ科

翅はやや長く，体は黄色みが強い。後脛節先半は通常赤い(スネアカ型)が，青い型(スネアオ型)もある。体長♂ 24〜29 mm，♀ 35〜38 mm。低地や山地の林内や林縁にすむ。ほぼ周年成虫。西表島に分布する。／上(スネアカ型♂)・中(スネアオ型♀)・下左(スネアオ型♂)：西表島 2010 年 6 月，下右(スネアカ型♀)：西表島 2008 年 3 月

ヨナグニモリバッタ　*Traulia ishigakiensis yonaguniensis*

イシガキモリバッタに似るが，後脛節先半は赤い。体長♂23〜30 mm，♀36〜44 mm。低地や山地の林内や林縁にすむ。ほぼ周年成虫。与那国島，小浜島，波照間島に分布する。/ 上(♂)・下左(♀)・下右(♀)：与那国島 2009年4月

コバネバッタと素木得一

素木得一は北海道・函館出身で，当時の札幌農学校に進み，明治の昆虫学の泰斗，松村松年の弟子となり，初めは主に当時の直翅目(バッタ以外にもカマキリやゴキブリ，ナナフシ，ハサミムシなどが含まれていた)の分類学研究に勤しみました。1907(明治40)年に25歳で台湾総督府に配属され，主として甘蔗や棉などの害虫調査や防除法の研究をしました。その素木が1910年に出版したのが日本で最初のバッタ類のモノグラフである「Acrididen Japans」(当時はドイツ語が優勢であった)です。

この書物で素木は多数のバッタを新種記載しましたが，中に「コバネバッタ *Traulia ornata*」という台湾産の新種も含まれていました。素木は多忙でしたから，彼の書物に出ている新種も自分で採集したものではなく，同僚や民間人の提供品だったのでしょう。ですから生態よりも形態から和名を与えたのです。台湾の低地に生息するモリバッタ(タイワンモリバッタ)は比較的短翅で，実情にそぐわないことはなかったのです。

敗戦後，素木は台湾を離れ，東京に居住しました。台湾時代から研究していた双翅目，特にハナアブなどの研究の方が自分に合っていたのでしょう。帰国後は直翅類の研究からは遠ざかりました。その後，古川晴男や野沢登，大町文衛などが直翅類の研究を引き継ぎましたが，本格的にバッタを研究する人はあまり出ず，1960年代に山崎柄根が現れてヒナバッタ属や奄美群島のバッタ類などの研究報告を多数出版しました。その中に*Traulia*属についての英文論文があり，現在認められている5つの亜種を記載しました。その論文の和文摘要でモリバッタという和名を提唱し，同時にコバネバッタをタイワンモリバッタと改称しました。

一般にフキバッタ類の影がうすい南西諸島では，森林性のバッタの代表種はやはりモリバッタ属です。しかし本土のモリチャバネゴキブリ同様，かなり明るい環境にも進出しています。こういう事態は，バッタの多様性が相当に低い南西諸島だからこそ起こるのであって，モリバッタ属の本拠地といえるインドシナ半島あたりでは，その多くが森林に生息しています。山崎の和名は当を得たものでしょう。

本書では割愛しましたが，南西諸島には現行の分類に合わない未記載(？)の型のモリバッタが多く発見されています。南西諸島に限らず，日本列島では今もなお未知のバッタ目が発見されますので，新種発見はかなりよくあることでもあります。　　　(市川顕彦)

ダイセツタカネフキバッタ　*Zubovskya parvula*

翅はない。前胸背後縁中央に浅い切れ込みがある。体長♂16〜18 mm，♀18〜21 mm。高山帯のお花畑にすむ。8〜9月に成虫。北海道に分布する。／上(♂)・下(♀)：北海道斜里岳 1999年8月

サッポロフキバッタ *Podisma sapporensis* ●バッタ科

前翅は小さくササの葉状。時に無翅。前胸背後縁中央に浅い切れ込みがある。体長♂15〜22mm，♀19〜28mm。低地〜山地の林縁にすむ。7〜8月に成虫が多い。北海道に分布する。/ 上(♂)：北海道足寄町2007年7月，下(♀)：2010年9月(木野田君公)

クサツフキバッタ　*Podisma kanoi*

無翅。前胸背後縁中央に浅い切れ込みがある。鼓膜はサッポロフキバッタより小さい。体長♂ 16～20 mm，♀ 22～27 mm。高山帯に近い湿性草原，火口原，雪田草原などにすむ。8～10月に成虫。本州(上信越の山地)に分布する。／上(♂)：群馬県谷川岳 2004年9月，下左(♀)・下右(交尾)：群馬県白根山 2007年8月

ノリアゲフキバッタ　*Anapodisma miramae*　●バッタ科

翅は小さくて細い。体は黄緑色で下面は黄色。前胸背後縁中央に浅い切れ込みがある。♂の生殖下板は突出する。体長♂約20 mm，♀約30 mm。林縁の明るい草地や低木にすむがやや局所的。6～7月に成虫。対馬に分布する。/ 上左(♂)・下左(♀)・上右(♂)・中右(♀)：対馬2006年7月

アオフキバッタ *Aopodisma subaptera* ●バッタ

翅はごく小さい。体は緑色で下面は黄色っぽい。♂の側黒条は腹端まで達する。体長♂約 20 mm，♀ 23～26 mm。低山の林縁の潅木上にすむ。夏～秋に成虫。本州（東北南部～関東）に分布する。／上（♂）・下（♀）：栃木県日光市 2001 年 7 月

ダイリフキバッタ　*Callopodisma dairisama* ●バッタ科

翅は小さい。♂の尾肢は先が細く、強く曲がる。幼虫には特異な黒斑がある。体長♂19〜23mm、♀26〜30mm。山間の開けた草原にすむ。夏〜秋に成虫。本州(中部〜中国)に分布する。／上(♂)：奈良県葛城山2008年8月、下左(交尾)・下右(♀)：鳥取県大山2008年7月

ミカドフキバッタ　*Parapodisma mikado*　　●バッ

翅はやや小さくて丸い。♂の尾肢は幅広く，先端が平圧される。体長♂ 19 〜 29 mm，♀ 26 〜 39 mm。やや湿った林縁にすむ。7 〜 10 月に成虫。北海道，本州（東北〜近畿の日本海側）に分布する。／上左（♂）：山形県月山 2007 年 9 月，上右（♂）：山形県西川町 2008 年 10 月，下左（♀）：山形県西川町 2007 年 9 月，下右（♀）：長野県松本市 2007 年 8 月

ヤマトフキバッタ　*Parapodisma setouchiensis*　　●バッタ科

翅の長さには地理的変異が大きく，近畿地方中央部で最も長い。♂の生殖下板背縁中央には小突起がある。♂の尾肢は太短い。体長♂22〜28 mm，♀27〜38 mm。明るい林縁の低木上にすむ。夏〜秋に成虫。本州(中北部では太平洋側)，四国，九州，対馬，隠岐，種子島，屋久島に分布する。♂の尾肢や生殖下板の背突起の有無により近似種があるが，分布の境界で中間的な個体もある。／上左(♂)：対馬 2007年9月，上右(♂)：高知県北川村 2008年7月，下左(♀)：鳥取県大山 2008年7月，下右(♀)：奈良県山添村 2008年8月

363

オマガリフキバッタ　*Parapodisma tanbaensis*　●バッタ

ヤマトフキバッタに似るが，♂の尾肢は先半が細く，強く屈曲する。生殖下板の背突起がある。体長♂22〜30 mm，♀29〜37 mm。本州(近畿北部)に分布する。／上左(♂)：兵庫県川西市 2007 年 10 月，上右(交尾)：兵庫県川西市 2005 年 10 月，下左(♀)・下右(♀)：兵庫県猪名川町 2006 年 7 月

ヒョウノセンフキバッタ　*Parapodisma hyonosenensis hyonosenensis*　●バッタ科

ヤマトフキバッタに似るが，♂の生殖下板の背突起はない。♂の尾肢は分布の東方では強く屈曲するが，西方ではあまり曲がらない。体長♂ 20 〜 29 mm，♀ 26 〜 39 mm。本州(近畿北西部)に分布する。キビフキバッタ *P. h. kibi* は♂の尾肢はヤマトフキバッタに似て太短く，生殖下板の背突起はない。体長♂約 24 mm，♀約 33 mm。本州(兵庫県西部，岡山県)に分布する。／上(♂)・下(♀)：兵庫県氷ノ山 2005 年 8 月

シコクフキバッタ　*Parapodisma niihamensis*

翅は比較的長い。♂の尾肢はやや強く曲がり，生殖下板の背突起はない。体長♂ 24〜27 mm，♀ 30〜35 mm。やや標高の高い山地の林縁にすむ。夏〜秋に成虫。四国，淡路島に分布する。／上左(♂)・上右(♂)・下(♀)：愛媛県石鎚山 2008 年 8 月

イフキバッタ *Parapodisma hiurai* ●バッタ科

翅は比較的長い。♂の尾肢はやや細くてあまり曲がらず，生殖下板の背突起はない。体長♂ 23〜25 mm，♀ 26〜30 mm。陰湿な林内や林縁にすむ。8月下旬〜9月上旬に成虫。本州(紀伊山地北部)に分布する。／上(♂)・下(♀)：大阪府和泉市岩湧寺 2009年10月

オナガフキバッタ　*Parapodisma yasumatsui*

♂の生殖下板は後方に突出してとがり，背突起はない。翅はやや短い。体長♂20〜23 mm，♀28〜34 mm。山地や低山地の陰湿な林内にすむ。夏〜秋に成虫。九州，甑島に分布する。/ 上左(♂)・上右(♂)・下左(♀)・下右(♀)：佐賀県脊振山 2008年9月

ンキフキバッタ　*Parapodisma subastris*　　●バッタ科

翅はやや小さい。♂の尾肢はやや細く，先端近くで弱く曲がり，生殖下板の背突起はない。体長♂ 24〜28 mm，♀ 29〜36 mm。明るい林縁や草地にすむ。夏〜秋に成虫。本州(中部西部〜近畿北部)に分布する。／上(♂):三重県伊賀市 1991 年 8 月(加納康嗣)，下左(黒色♀)・下右(♀):奈良県宇陀市 2007 年 10 月

メスアカフキバッタ　*Parapodisma tenryuensis*　●バッ

♂は淡緑色で♀は淡褐色が多いが，色彩には変異があり，♂♀とも背中が褐色で側面が緑色の地理的個体群もいる。♂の尾肢は太短く，生殖下板の背突起はない。体長♂21〜26 mm，♀26〜33 mm。林縁にすむ。夏〜秋に成虫。本州(関東〜中部)に分布する。/ 上左(♂)・上右(♂と幼虫)：長野県上村(現 飯田市)2006年8月，下左(♀)：愛知県豊橋市 2008年8月，下右(♀)：長野県浪合村(現 阿智村)2006年8月

カリダケフキバッタ　*Parapodisma caelestis*　●バッタ科

メスアカフキバッタに似るが，体は黒化してより短く，翅が小さい。♂の生殖下板に小さな背突起がある。体長♂約22 mm，♀約26 mm。高山帯にすむ。8〜9月に成虫。本州（赤石山脈の高所）に分布する。／上左（♂）・上右（♂）・下左（♀）・下右（♀）：静岡県光岳2009年9月（石川均）

タンザワフキバッタ *Parapodisma tanzawaensis* ●バッタ

メスアカフキバッタに似るが，より小型で翅が小さい。♂の尾肢はやや細いが多少の変異がある。体長♂20〜23 mm，♀26〜29 mm。林縁にすむ。夏〜秋に成虫。本州（関東〜伊豆半島）に分布する。／上(♂)・下左(♀)・下右(♂)：静岡県伊豆半島 2009年8月

ニメフキバッタ　*Parapodisma etsukoana*　　●バッタ科

♂の腹部の側面に黒帯がある。♂の尾肢はくの字に曲がり，生殖下板に小さな背突起がある。体長♂ 19 〜 24 mm，♀ 24 〜 38 mm。やや陰湿な林縁にすむ。晩夏〜秋に成虫。本州（中部〜近畿北部）に分布する。／（交尾）：長野県浪合村（現 阿智村）2006 年 8 月

フキバッタの種分化

　フキバッタ類は翅が短く，飛翔して移動できない。そのため，地域ごとに少しずつ形態が異なることが多く，必ずしも明瞭に種を区分できるとは限らない。メスアカフキバッタータンザワフキバッタや，ヤマトフキバッタ－オマガリフキバッタ－ヒョウノセンフキバッタ－キビフキバッタなどは，分布の境界で中間的な個体群も見られることがある。おそらく，これらは種分化の途中なのであろう。これらをそれぞれ種内の変異に過ぎないとして 1 種にまとめる考えもある。しかし，本書ではこれらは独立種（あるいは亜種）とした。微妙な分化を示す種をひとまとめに 1 種にするよりは，その多様性を記録する手段として種名を活用したいのである。

カケガワフキバッタ　*Parapodisma awagatakensis*　　●バッタ

ヒメフキバッタに似て腹部の側面に黒帯がある。翅はやや小さい。♂の尾肢はやや細くて少し曲り，生殖下板に短い背突起がある。ヒメフキバッタとは♂の交尾器が異なる。体長♂ 19～23 mm，♀ 22～32 mm。夏～秋に成虫。本州（静岡）に分布する。／上（♂）・下（♀）：静岡県掛川市 2010 年 8 月

アマミフキバッタ　*Sinopodisma punctata*　　　●バッタ科

黄緑色〜緑色でやや褐色を帯びる。前胸背には点刻が多い。♂の尾肢はやや曲がる。体長♂ 24〜26 mm，♀ 31〜36 mm。明るい林縁の低木にすむ。7〜12月に成虫。薩摩硫黄島，トカラ列島，奄美大島に分布する。／上左(♂)・中(♀)・上右(♂)・下右(♀)：奄美大島 2007年10月，下左(幼虫)：奄美大島 2008年6月

375

クガニフキバッタ *Sinopodisma aurata*

黄色〜灰褐色。翅は小さく細い。後腿節下面は赤い。♂の尾肢は先端が急に細くなる。体長♂25〜30 mm, ♀34〜37 mm。石灰岩地の林縁にすむ。7〜12月に成虫。石垣島, 西表島, 与那国島に分布する。/ 上(♂):小浜島 2005年6月(辻本 始), 下左(♀):石垣島 2010年7月, 下右(♀):石垣島 2005年6月(辻本 始)

オキナワフキバッタ *Tonkinacris ruficerus* ●バッタ科

♂♀ともに触角が赤い。色彩に変異があり、緑色や褐色。頭部から胸部の側黒帯が明瞭。翅はやや小さい。体長♂21〜24 mm，♀33〜39 mm。リュウキュウマツの林縁にすむ。6〜12月に成虫。沖縄島北部に分布する。／上左(♂)・上右(♂)：沖縄島2005年11月，中左・下右(♀)：沖縄島2008年4月

ヤエヤマフキバッタ　*Tonkinacris yaeyamaensis* ●バッタ

♂は緑色で背面が褐色，♀は褐色。触角が赤い。後脛節は青みがかる。体長♂25～27 mm，♀34～37 mm。やや暗い照葉樹林の林縁にすむ。5～10月に成虫。石垣島，西表島に分布する。/(♂)：西表島 2008年10月

イナゴののどちんこ

　モリバッタ類，フキバッタ類，イナゴ類などは，イナゴ科としてバッタ科とは別にすることがある。これらのイナゴ類には左右の前肢の付け根の間に下方に伸びる円錐形の突起があるのが特徴である。この突起を通称「のどちんこ」という。人間ののどちんことはもちろん相同ではない。それどころか肢の間にある突起を「のどちんこ」と称するのはおかしいのだが，これがまたなんとも言い得て妙だったので，すっかり定着した。イナゴやフキバッタをつかまえる機会があったら体をひっくり返して観察してみよう。前肢の間にある突起を見て，「のどちんこ」とついいってしまうに違いない。　　　（イラスト：日本直翅類学会，2006 より）

ラノキフキバッタ　*Fruhstorferiola okinawaensis*　●バッタ科

翅は大きく, 長翅に近い。体は黄緑色〜黄褐色。♂の尾肢は先が広がる。体長♂28〜34mm, ♀34〜49mm。明るい二次林の林縁にすみ, タラノキに集まることがある。6〜9月に成虫。奄美大島, 徳之島, 沖永良部島, 伊平屋島, 沖縄島に分布する。/上(交尾)・下(♀):沖縄島2007年8月, 左中(幼虫):沖縄島2008年5月

379

ハネナガフキバッタ *Ognevia longipennis*

長翅でよく飛ぶ。体は緑色〜黄緑色。♂の尾肢は細長い。体長♂20〜31 mm，♀24〜39 mm。ブナ帯の林縁，草地，河原などに普通。西南日本では山地性。夏〜秋に成虫。北海道，本州，四国，九州，礼文島，利尻島に分布する。／上左(♂)：長野県安曇村(現 松本市)2006年9月，上右(♀)・下(♀)：長野県開田村(現 木曽町)2005年8月

ハヤチネフキバッタ *Prumna hayachinensis* ●バッタ科

体は鮮やかな黄緑色〜緑色で，うすい黒点を散らす。翅は細く黒色。♂の尾端は丸くふくれ，尾肢先端はしゃもじ型。体長♂21〜25 mm，♀28〜36 mm。高山帯の草原や亜高山の林縁にすむ。8〜9月に成虫。北海道(渡島半島)，本州(東北)に分布する。
/ 上(♂)・下左(♀)・下右(♀)：山形県月山 2007年9月

♂尾端側面

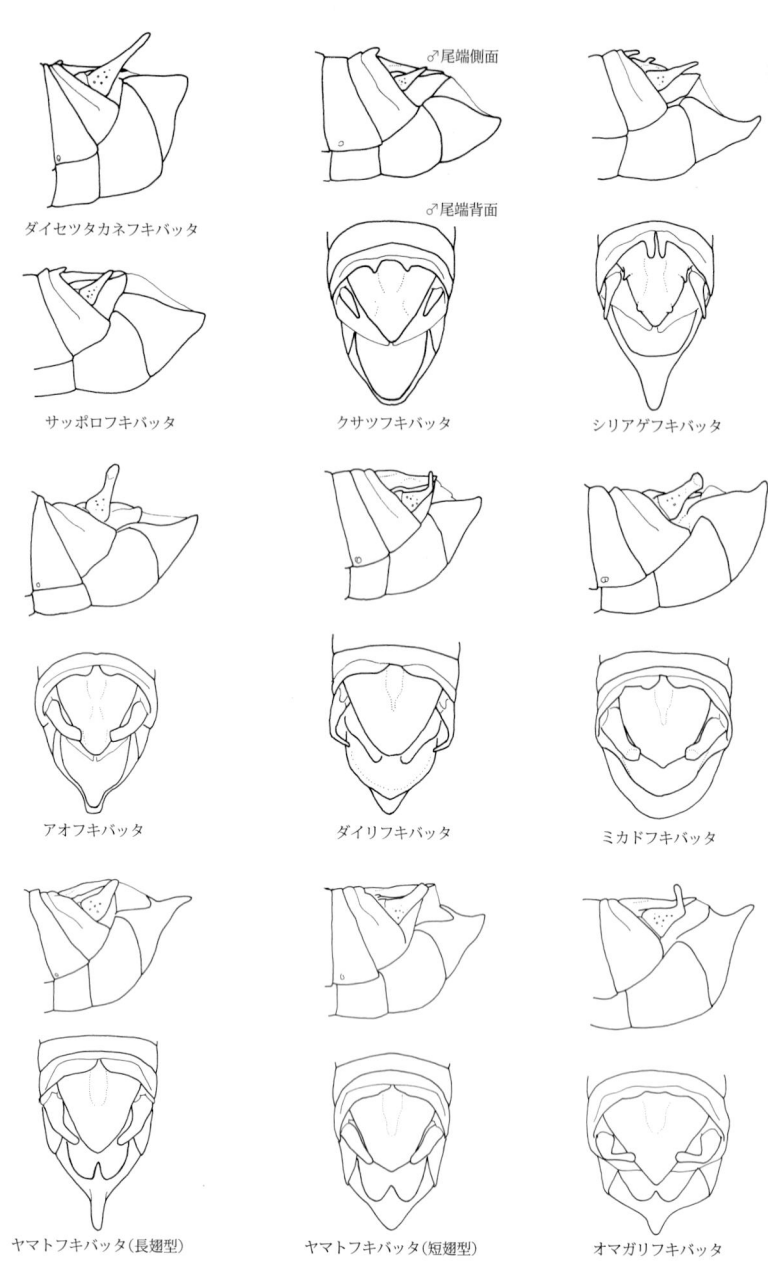

♂尾端背面

ダイセツタカネフキバッタ

サッポロフキバッタ

クサツフキバッタ

シリアゲフキバッタ

アオフキバッタ

ダイリフキバッタ

ミカドフキバッタ

ヤマトフキバッタ(長翅型)

ヤマトフキバッタ(短翅型)

オマガリフキバッタ

フキバッタ亜科各種の尾端図①(日本直翅類学会, 2006 より改写)

ヒョウノセンフキバッタ　　　　　キビフキバッタ　　　　　シコクフキバッタ

オナガフキバッタ

キイフキバッタ　　　　　　　　　　　　　　　　　　　　キンキフキバッタ

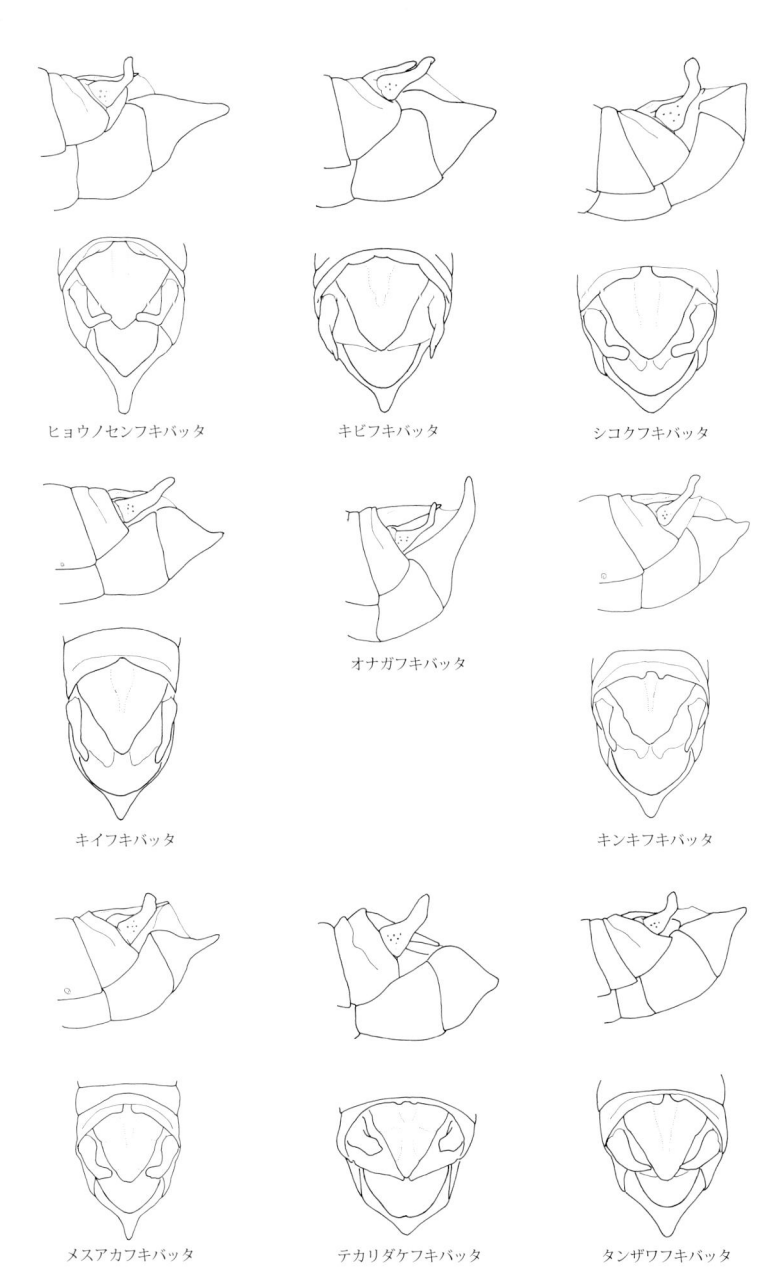

メスアカフキバッタ　　　　　テカリダケフキバッタ　　　　タンザワフキバッタ

フキバッタ亜科各種の尾端図②（日本直翅類学会，2006 より改写）

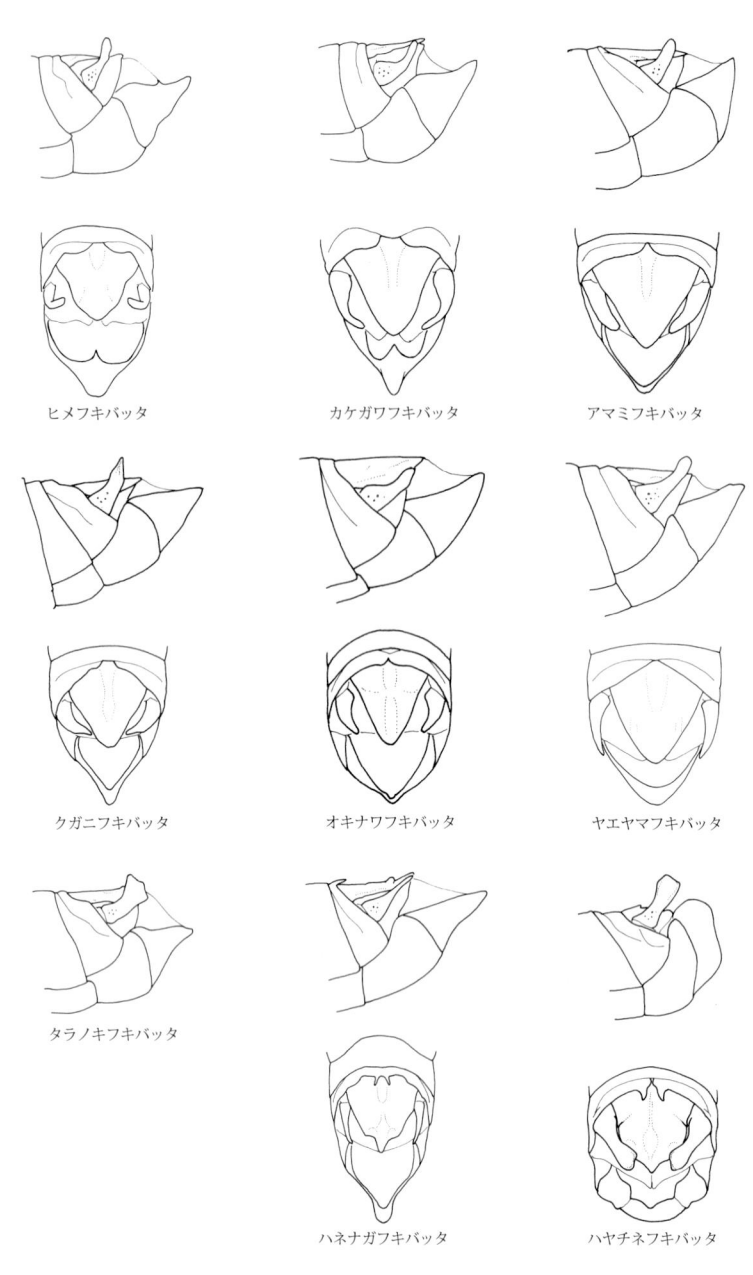

ヒメフキバッタ　　　カケガワフキバッタ　　アマミフキバッタ

クガニフキバッタ　　オキナワフキバッタ　　ヤエヤマフキバッタ

タラノキフキバッタ

ハネナガフキバッタ　　ハヤチネフキバッタ

フキバッタ亜科各種の尾端図③（日本直翅類学会，2006より改写）

ツチイナゴ *Patanga japonica*　　　　　　　　　　　　　　　　　　●バッタ科

体表は細毛に覆われる。後翅は若い個体では淡黄色で，老熟すると赤みを帯びる。眼に不鮮明な縦縞がある。南西諸島では大型になり，タイワンツチイナゴに似る。体長（翅端まで）♂ 50 〜 55 mm，♀ 50 〜 70 mm。深い草地やマント群落に普通。本州では秋に羽化し，成虫越冬で春まで成虫。本州，四国，九州，対馬，南西諸島に分布する。
上左（♂）：京都府城陽市 2006 年 10 月，上右（幼虫）：兵庫県川西市 2006 年 10 月，下左（♀）・下右（幼虫）：対馬 2007 年 9 月

タイワンツチイナゴ　*Patanga succincta*

日本最大のバッタ。ツチイナゴに似るが，体表はより光沢が強く，細毛は少なく，眼の縦縞は鮮明で，後翅はより赤みが強い。体長（翅端まで）♂60〜65 mm，♀75〜84 mm。乾燥した背の高い草地にすみ，しばしば群生してサトウキビを食害する。ほぼ周年成虫。南西諸島（トカラ列島以南）に分布する。／左上(♂)・右(サトウキビ畑に群生)：久米島 2006 年 11 月，左下(♀)：奄美大島 2007 年 10 月

コイナゴ　*Oxya hyla intricata*　●バッタ科

翅は通常長い。眼は他のイナゴ類よりも大きい。側面の黒帯が明瞭。♂の肛上板にはくびれがある。体長(翅端まで)♂18〜22mm，♀21〜31mm。林縁付近のやや乾燥した草地などにすむ。5〜7月，10〜11月に成虫。南西諸島に分布する。/ 上左(♂)・上右(♂)：沖縄島 2005年12月，下左(♀)：沖縄島 2003年10月，下右(交尾)：沖縄島 2005年11月

タイワンハネナガイナゴ　*Oxya chinensis*　　●バッタ

翅が長い。側面の黒帯はややうすい。♀の腹部第3背板後下縁に小棘がある。体長(翅端まで)♂21〜31 mm，♀24〜39 mm。明るいイネ科の草地に普通で，乾いたところにも湿地にもいる。周年成虫。南西諸島(トカラ列島以南)に分布する。チョウセンイナゴ *O. sinuosa* は酷似するが，♀の腹部第3背板後下縁に棘がない。体長♂15〜33 mm，♀20〜40 mm。渡嘉敷島に分布する。／上左(幼虫)・上右(♂)：奄美大島2007年10月，下(♂と♀)：石垣島2008年10月，中(♀)：西表島2008年10月

ハネナガイナゴ *Oxya japonica* ●バッタ科

タイワンハネナガイナゴによく似るが，♂の交尾器と分布が異なる。翅は長く，翅端に向かってやや幅広くなる。♀の腹部第3背板後下縁に小棘がある。体長（翅端まで）♂17〜34 mm，♀21〜40 mm。水田周辺などの湿った草地にすむ。8〜11月に成虫。本州，四国，九州，トカラ列島？，奄美大島に分布する。／上左(♂)：兵庫県猪名川町2007年9月，上右(♂)：兵庫県猪名川町2007年10月，下左(♀)・下右(♀)：兵庫県猪名川町2008年9月

コバネイナゴ *Oxya yezoensis* ●バッタ

上(♂)：兵庫県川西市 2007年10月，下(♀)：兵庫県川西市 2005年10月

コバネイナゴ *Oxya yezoensis* ●バッタ科

翅は普通は後腿節端を越えないが,長翅の個体もある。翅端に向かって幅広くならない。♀の腹部第3背板後下縁に棘がない。体長♂16〜33 mm,♀18〜40 mm。水田周辺や林縁などの草地に普通。8〜11月に成虫。北海道,本州,四国,九州に分布する。♂の交尾器の微細な違いにより別種とされるものがある。サイゴクイナゴ *O. occidentalis* は本州(山口県),四国,九州,リクチュウイナゴ *O. rikuchuensis* は本州(岩手県)に分布する。ニンポーイナゴ *O. ninpoensis* は大型で,♂の尾肢先端は小さく2叉することで他のイナゴ類から区別できる。体長♂約36 mm,♀約42 mm。平地の自然度の高い池沼湿地にすむがまれ。8月に成虫。本州(東北)に分布する。オガサワライナゴ *O. ogasawarensis* は,腹面が赤みを帯びる。体長♂15 mm,♀37 mm。山地の林縁にすむ。4月と8月に成虫採集例がある。小笠原諸島父島・母島に分布する。／左(交尾)：山形県西川町 2008年10月,右上(♀)：奈良県田原本町 1990年10月,右下(♂の羽化)：奈良県神野山 2008年9月

タイワンコバネイナゴ　*Oxya podisma*

翅は短く，翅端はとがる。後脛節は青い。体長♂28～35 mm，♀37～50 mm。林内や林縁の低木や下草にすむ。5～12月に成虫。奄美大島，徳之島，沖永良部島，石垣島，西表島に分布する。／上(♂)：西表島2008年10月，下(♀)：奄美大島2007年10月

オキナワイナゴモドキ　*Gesonula punctifrons*　●バッタ科

体は細長く，頭はとがる。翅は長く，後翅は透明。体長（翅端まで）♂ 21 ～ 25 mm，♀ 35 mm。水辺の草の上にすみ，ミズイモやスイレンなどの葉の上にいる。周年成虫。南西諸島に分布する。／左上（幼虫）・左下（♀）・右（交尾）：沖縄島 2007 年 8 月

ヒゲマダライナゴ *Hieroglyphus annulicornis* ●バッタ

体は淡黄色〜淡緑色で，前胸背板の横溝は黒い。触角は白黒のまだら。後翅は透明。体長♂ 43 〜 48 mm，♀ 56 〜 68 mm。丈の高いイネ科の草地にすむ。6 月下旬〜 8 月上旬に成虫。宮古島，伊良部島，多良間島，石垣島，西表島，与那国島に分布する。
上(♂)：石垣島 2010 年 6 月，下左(♀)：西表島 2010 年 6 月，下右(♀)：石垣島於茂登岳 1987 年 7 月(村山 望)

?グロイナゴ　*Shirakiacris shirakii*　●バッタ科

前胸の背面は濃褐色で，その両側に細い淡色の細い帯がある。後翅は透明。眼に縦縞がある。体長（翅端まで）♂ 35 mm，♀ 26 〜 40 mm。草原にすむが，やや局所的。本州では 8 〜 11 月に成虫。八重山列島では周年成虫。本州，四国，九州，佐渡島，壱岐，対馬，南西諸島に分布する。／上左(♂)：石垣島 2008 年 10 月，上右(♀)・下右(♀)：熊本県阿蘇山 2008 年 9 月，下左(♀)対馬 2007 年 9 月

小笠原諸島の自然とマボロシオオバッタ

　小笠原諸島は本州から 1000 km も離れた太平洋上にあり，地史的に他の陸地とつながったことがない海洋島で，数々の固有な生物が知られている。直翅目でも，オガサワラコバネコロギス，ムニンツユムシ，ムニンエンマコオロギ，ムニンツヅレサセコオロギなどの固有種がいるが，まだまだ小笠原諸島の直翅目の調査は十分とはいいがたい。最近の調査でもあいついで未知の種が見つかっている。ところが，小笠原諸島の自然は近年著しく損なわれ，固有の生物が激減している。開発による破壊のほか，人間がもち込んだグリーンアノールやオオヒキガエルなどの移入生物による捕食の影響が大きいといわれている。このままでは，小笠原諸島固有の直翅類が，その存在すら知られぬまま絶滅してしまう危惧が大変大きい。

　マボロシオオバッタ *Ogasawaracris gloriosus* も小笠原諸島の父島と母島からのみ知られる固有種である。翅端までの体長が♂ 48～52 mm，♀約 75 mm という大型のバッタで，前胸背板などに皺状の点刻のある特異な種で，他に近縁種が知られていない小笠原諸島の固有属でもある。これが数個体の古い標本が残されているのみで近年の採集例がない，その名のとおりまぼろしのバッタになってしまっている。もし絶滅してしまったのなら大変悲しいことだが，小笠原諸島の中のどこかの無人島にでも生き残ってくれていたらうれしい。

♂母島　　　　　　　　　　　　　　　　　♀父島

【最近の調査で発見された未記載と思われる種】

ヘリグロツユムシの 1 種♂兄島（石川 均） 　　　カネタタキの 1 種♀母島（石川 均）

ヒバリモドキの 1 種♂母島（石川 均） 　　　　ヒバリモドキの 1 種♀母島（石川 均）

ショウリョウバッタ　*Acrida cinerea*　　　　　　　　　●バッタ科

体は細長く，肢が長い。頭は円錐形にとがる。体は緑色〜褐色の変異がある。後翅は黄色っぽい。体長（翅端まで）♂ 40〜50 mm，♀ 75〜80 mm。明るい草地に普通。♂は飛翔時にチキチキ…と音を出す。本州では 8〜11 月，南西諸島では周年成虫。本州，四国，九州，南西諸島に分布する。／上(♂)・下左(♀)：奈良県橿原市 2005 年 9 月，中左(♂)：京都府八幡市 2008 年 9 月，中右(♂の♀をめぐる争い)：京都府八幡市 2008 年 8 月，下右(♀)：奈良県若草山 2007 年 11 月

ショウリョウバッタモドキ　*Gonista bicolor*　　●バッタ

体は細長くて直線状。頭は三角にとがる。一見ショウリョウバッタのようだが、ずっと小型で肢は短い。後翅は透明。体長（翅端まで）♂ 27〜35 mm，♀ 45〜57 mm。チガヤなどのイネ科の草地にすむ。本州では 8〜11 月，八重山列島では周年成虫。本州，四国，九州，伊豆諸島，壱岐，対馬，南西諸島に分布する。／左上(♂)：奈良県若草山 2009 年 8 月，左下左(♂)・右(♀)：奈良県大和郡山市 2007 年 11 月，左下右(幼虫)：久米島 2009 年 6 月

キイナゴ　*Mongolotettix japonicus*　　●バッタ科

体は黄褐色。頭は三角にとがる。翅は短く，特に♀ではごく小さいが，時に長翅型が出る。体長♂19～22 mm，♀25～30 mm。明るい，丈の高いイネ科の草地に普通。♂はシャカシャカ…と鳴く。6～9月に成虫。北海道，本州，四国，九州，佐渡島，隠岐に分布する。/上左(♂)・上右(♂)・下左(♀)：鳥取県大山 2008年7月，下右(♀)：長野県開田村(現 木曽町) 2005年8月

ヒザグロナキイナゴ *Podismopsis genicularibus*

ナキイナゴに似るが，体は暗褐色で，後腿節の先端が黒い。体長♂15〜17 mm，♀28〜30 mm。草原にすむ。6〜8月に成虫。北海道に分布する。／上(♂)：北海道釧路湿原 2009年7月（撮影者 匿名），下(♀)：北海道豊頃町 1982年8月（田辺秀男）

ロバネヒナバッタ　*Stenobothrus fumatus*　　●バッタ科

♂の前翅前縁は広がる。後翅は黒灰色。前脛節・腿節に長毛がない。体長(翅端まで)♂ 23～28mm、♀25～30mm。低山地の林縁の草地に普通。♂はジュー・ジュルル…と鳴く。7～11月に成虫。北海道(南部)，本州，四国，九州，対馬に分布する。
上左(♂)・下左(♀)・下右(♀)：高知県宍喰町(現 海陽町)2006年8月，上右(♂)：奈良県宇陀市2009年7月，右中(赤い色彩変異の幼虫)：奈良県宇陀市2007年6月

ヒナバッタ *Glyptobothrus maritimus maritimus*

♂の前翅前縁は広がらない。後翅は透明。前脛節・腿節に長毛がある。体長(翅端まで)♂19〜23 mm，♀25〜30 mm。明るい草地に普通。♂はジュルルル…と鳴く。初夏〜秋に成虫。北海道，本州，四国，九州，佐渡島，対馬に分布する。ヤクヒナバッタ *G. m. saitorum* はヒナバッタの亜種で，体長(翅端まで)♂約17 mm，♀約25 mm。屋久島の高所に分布する。レブンヒナバッタ *G. rebuntoensis* はヒナバッタによく似るが眼が大きい。体長(翅端まで)♂約20 mm。♀は未知。礼文島に分布する。／上(♂)：奈良県若草山 2008年6月，下(♀)：北海道小清水町 2005年9月

ヒゲナガヒナバッタ　*Schmidtiacris schmidti* ●バッタ科

♂の触角は長い。前胸背板の側面は♂♀ともに白い。前脛節に長毛がある。体長(翅端まで)♂ 18〜20 mm，♀ 20〜25 mm。上〜中流の砂礫質の河原でツルヨシがまばらに生えたところにすむが局所的。夏〜秋に成虫。本州(東北，中部)に分布する。/上左(♂)・上右(♂)・下(♀)：長野県富士見町 2006年9月

タカネヒナバッタ *Chorthippus intermedius* ●バッタ

中～長翅。前胸の背側方の1対のくの字型の模様と側稜は直線的で、前胸の全長にわたってある。体長♂16～17 mm, ♀18～22 mm。主にブナ帯の山地草原にすむ。他の近縁種のような高山性の種ではない。夏～秋に成虫。本州(東北南部, 中部)に分布する。
上(♂)・下(♀)：長野県開田村(現 木曽町)2005年8月

ツモマヒナバッタ　*Chorthippus kiyosawai*　　●バッタ科

翅は♂♀とも短い。前胸の背側方の1対のくの字型の模様は明瞭だが，側稜は前半部で消失する。体の腹側は黄色っぽい。体長♂ 11〜17 mm，♀ 20〜26 mm。高山のお花畑や風衝草原にすむ。秋に成虫。本州（北アルプス高山帯）に分布する。／上(♂)・下(♀)：富山県立山室堂 2008年8月（根来 尚）

ミヤマヒナバッタ *Chorthippus supranimbus supranimbus* ●バッタ

翅はやや長く，腹部の2/3〜腹端に達する程度。前胸の背側方の1対のくの字型の模様と側稜は丸く弧状で，前胸の全長にわたってある。体の腹側はオリーブ色。体長♂12〜16 mm，♀18〜24 mm。高山のお花畑や風衝草原にすむ。秋に成虫。本州（月山から吾妻山，尾瀬ヶ原，妙高山，御嶽山，中央アルプス）に分布する。／上(♂)・下右(♀)：長野県御嶽山2004年10月，下左(交尾)：山形県月山2006年10月

ハクサンミヤマヒナバッタ　*Chorthippus supranimbus hakusanus*　●バッタ科

ミヤマヒナバッタの亜種で，体は大型。前翅はやや長く，弱い光沢がある。体長♂14〜18 mm，♀18〜24 mm。高山帯の草原や湿原にすむ。本州（加賀白山）に分布する。／上（♂）・下（♀）：岐阜県白山 2010 年 10 月

シロウマミヤマヒナバッタ　*Chorthippus supranimbus shiroumanus*

ミヤマヒナバッタの亜種で，体は中型。体長♂12〜15 mm，♀16〜19 mm。高山帯の草原や湿原にすむ。本州(北アルプス北部の乗鞍岳，白馬岳，白馬大池，八方尾根)に分布する。／上(♂)・下(♀)：長野県小谷村 2010年9月

ノリクラミヤマヒナバッタ　*Chorthippus supranimbus norikuranus*　●バッタ科

ミヤマヒナバッタの亜種で，より小型。体の腹面は黄色。体長♂10～13 mm，♀15～20 mm。本州（北アルプス乗鞍岳）に分布する。／上左（♂）・上右（交尾）・下（♀）：岐阜県乗鞍岳 2006年9月

409

エゾコバネヒナバッタ　*Chorthippus fallax strelkovi*　●バッタ

短翅型と長翅型があり，短翅型では，♂の翅は腹部の2/3ほどで，♀ではひし形で小さい。前胸の背側方の1対のくの字型の模様と側稜は丸く弧状で，前胸の全長にわたってある。体長♂16〜24 mm，♀19〜28 mm。北海道では低地〜山地の草原にすみ，本州では高山帯の草原にすむ。夏〜秋に成虫。北海道，本州(東北：八幡平，鳥海山，早池峰山)に分布する。／上(♂)・下左(♀)・下右(♀)：北海道知床峠 2005年9月

ヤマトコバネヒナバッタ　*Chorthippus fallax yamato*　　●バッタ科

エゾコバネヒナバッタに似るが，♂の交尾器が異なる。体長♂17〜20mm，♀約18mm。高山〜亜高山の草原にすむ。夏〜秋に成虫。本州(群馬・長野の北関東山地)に分布する。／上左(♂)・上右(♂)・下(♀)：群馬県白根山2007年8月

411

ヤツコバネヒナバッタ *Chorthippus fallax yatsuanus*

エゾコバネヒナバッタに似るが，♂の交尾器が異なる。長翅型は知られていない。体長約♂19 mm，♀約25 mm。高山〜亜高山の草原にすむ。夏〜秋に成虫。本州(八ヶ岳)に分布する。アカイシコバネヒナバッタ *C. f. akaishicus* は別亜種で，体長♂約16 mm，♀23〜24 mm。南アルプスに分布する。また，未記載の別亜種と思われるフジコバネヒナバッタ *C. f.* ssp.(富士山)とキソコマコバネヒナバッタ *C. f.* ssp.(中央アルプス木曽駒ヶ岳)が近年発見された。/ 上(♂)・下左(♀)・下右(♀)：長野県八ヶ岳 2009年9月

ナゴモドキ　*Mecostethus parapleurus*　　　　　　　　　　●バッタ科

背の側方に黒帯があり，一見イナゴ類のようだが，前肢付け根の間の突起はない。黄褐色，淡緑色，褐色の色彩型がある。後翅は透明。体長♂25〜27 mm，♀25〜30 mm。山間部の草原にすむ。西日本では局所的。6〜8月に成虫。北海道，本州，四国，九州，佐渡島，隠岐，対馬に分布する。/ 上(♂)：奈良県山添村2009年9月，下左(♀)・下右(♀)：鳥取県大山2008年7月

ツマグロバッタ *Stethophyma magister* ●バッ

♂は黄色，♀は淡褐色で，前翅・後翅の端部に黒色部があるが，多少の色彩変異がある。前翅前縁の基部に淡色の条線がある。体長（翅端まで）♂ 33 ～ 42 mm，♀ 45 ～ 49 mm。丈の高い草地にすむ。7 ～ 9 月に成虫。北海道，本州，四国，九州，佐渡島に分布する。／上左（♂）・下（♀）：兵庫県猪名川町 2007 年 8 月，上右（♂）：奈良県宇陀市 2007 年 9 月

マダラバッタ　*Aiolopus thalassinus tamulus*　　●バッタ科

緑色〜褐色と色彩変異はさまざま。後脛節は赤・青・黒のまだら模様。後翅は透明。体長(翅端まで)♂ 27 〜 31 mm，♀ 34 〜 35 mm。裸地や明るい草地に普通。本州では8 〜 11 月，南西諸島では周年成虫。北海道，本州，四国，九州，伊豆諸島，対馬，南西諸島に分布する。／上(♂)・下(♀)：石垣島 2009 年 4 月

415

ヤマトマダラバッタ *Epacromius japonicus* ●バッタ

体は灰色で暗褐色の斑紋があるが，まれに緑色型もいる。後翅は基部が淡青色。体長(翅端まで)♂約 30 mm，♀ 30 〜 35 mm。主に自然度の高い海岸の砂地にすみ，近年減少している。8 〜 10 月に成虫。北海道，本州，四国，九州に分布する。／上(♂)：石川県金沢市 2008 年 8 月，下(♀)：京都府久美浜町(現 京丹後市)2006 年 9 月

ノサマバッタ　*Locusta migratoria*　　　●バッタ科

緑色や褐色などの色彩変異がある。前翅は淡褐色の地に黒褐色の小斑点を散らす。後翅は基部が黄色っぽい。体長（翅端まで）♂35〜40 mm，♀45〜65 mm。裸地や明るい草地にすむ。西日本では年2化で6〜11月，南西諸島ではほぼ周年成虫。日本全土に分布する。／上（交尾）：奈良県斑鳩町1992年9月，下左（♂）：京都府城陽市2006年10月，下右（♀）：京都府八幡市2007年10月

クルマバッタ *Gastrimargus marmoratus*

前胸背の正中はアーチ状にもりあがる。前翅はトノサマバッタよりも黒褐色の斑紋が大きい。後翅は弧状の黒帯があり，その内側は黄色。体長(翅端まで)♂35〜45mm，♀55〜65mm。草原にすむ。本州では7〜11月，南西諸島ではほぼ周年成虫。本州，四国，九州，佐渡島，壱岐，対馬，南西諸島に分布する。／左上(♂)：久米島2009年6月，右上(黒い色彩変異の幼虫)：石垣島2007年6月，右中(幼虫)・右下(♀)：久米島2006年11月，左下(♀)：奈良県若草山2005年11月

418

クルマバッタモドキ　*Oedaleus infernalis* ●バッタ科

通常褐色だが，まれに緑色型もある。前胸背の正中はあまりもりあがらない。前胸背にX状の白斑がある。後翅は弧状の黒帯があり，その内側は淡黄色。体長（翅端まで）♂32〜45 mm，♀55〜65 mm。裸地や明るい草地に普通。7〜11月に成虫。北海道，本州，四国，九州，佐渡島，対馬に分布する。/上(♂)：長野県飯田市2006年8月，下左(♀)・下右(交尾)：山口県錦町(現 岩国市)2006年10月

アカハネバッタ　*Celes akitanus*　　●バッタ

ずんぐりした体型。体は褐色で、後翅は基部が赤く、先半が褐色。体長（翅端まで）♂ 25 〜 27 mm，♀ 30 〜 40 mm。明るい林道やマツ林の下草にいるというが、生態はよくわかっていない。ロシア沿海州では草原にすむという。7 〜 10 月に成虫採集例がある。本州（東北〜中部）に分布するが、局地的で、日本では 1986 年以降の採集記録はない。／上左（♂）・下（♀）：ロシア沿海州 2005 年 8 月（永幡嘉之），上右（上翅がとれたため赤い後翅が見える♂）：ロシア沿海州 2007 年 8 月（永幡嘉之）

イボバッタ *Trilophidia japonica* ●バッタ科

体は灰色で，暗褐色のまだら模様がある。前胸背の正中はいぼ状の凹凸がある。後翅は灰色。体長（翅端まで）♂約24mm，♀約35mm。裸地や石垣などに普通。7〜11月に成虫。本州，四国，九州，伊豆諸島，壱岐，対馬などに分布する。タイワンイボバッタ *T. annulata* はよく似るが小型で，体長（翅端まで）♂約24mm，♀19〜21mm。生息地はイボバッタと同様。周年成虫。先島諸島に分布する。/上左(♂)：兵庫県川西市2006年10月，上右(♂)：兵庫県川西市2004年9月，下(♀)：奈良県明日香村2007年10月

カワラバッタ　*Eusphingonotus japonicus*　　●バッタ

体は灰色。前胸背板の後半は隆起する。後翅は弧状の黒帯があり，その内側は青色。体長（翅端まで）♂ 25〜30 mm，♀ 40〜43 mm。河川中流域の礫質の河原にすむ。7〜9月に成虫。北海道，本州，四国，九州に分布する。／左上（♂）：長野県富士見町 2006年9月，左中（♀）・右（♀）：和歌山県かつらぎ町 2008年10月，左下（交尾）

アカアシバッタ　*Heteropternis rufipes* ●バッタ科

体はおおむね褐色で、後腿節内側と後脛節は赤い。後翅は黄色。体長（翅端まで）♂ 23〜28 mm、♀ 30〜35 mm。裸地や明るい草地にすむ。主に秋〜春に成虫。南西諸島（奄美大島以南）に分布する。／上(♂)・下(♀)：与那国島 2009 年 2 月（村松 稔）

●バッタ科①

アカアシホソバッタ上♂下♀ 　　アマミモリバッタ上♂下♀ 　　オキナワモリバッタ上♂下♀

イシガキモリバッタ上♂下♀ 　　イリオモテモリバッタ上♂下♀ 　　ヨナグニモリバッタ上♂下♀

ダイセツタカネフキバッタ♂♀　サッポロフキバッタ♂♀ 　クサツフキバッタ♂♀ 　シリアゲフキバッタ♂♀

アオフキバッタ♂♀ 　ダイリフキバッタ♂♀　ミカドフキバッタ♂♀ 　ヤマトフキバッタ♂♀

オマガリフキバッタ♂♀ 　ヒョウノセンフキバッタ♂♀　キビフキバッタ♂♀ 　シコクフキバッタ♂♀

424

●バッタ科②

キイフキバッタ♂♀　　オナガフキバッタ♂♀　　テカリダケフキバッタ♂♀　　キンキフキバッタ♂♀

カケガワフキバッタ♂♀　　メスアカフキバッタ♂♀　　タンザワフキバッタ♂♀　　ヒメフキバッタ♂♀

アマミフキバッタ♂♀　　クガニフキバッタ♂♀　　オキナワフキバッタ♂♀　　ヤエヤマフキバッタ♂♀

タラノキフキバッタ♂♀　　ハヤチネフキバッタ♂♀　　ハネナガフキバッタ上♂下♀

ツチイナゴ上♂下♀　　タイワンツチイナゴ上♂下♀

425

●バッタ科③

コイナゴ 上♂ 下♀　　チョウセンイナゴ♀　　サイゴクイナゴ 上♂ 下♀

ニンポーイナゴ 上♂ 下♀　　タイワンハネナガイナゴ 上♂ 下♀　　ハネナガイナゴ 上♂ 下♀

コバネイナゴ 上♂ 下♀　　リクチュウイナゴ 上♂ 下♀　　タイワンコバネイナゴ 上♂ 下♀

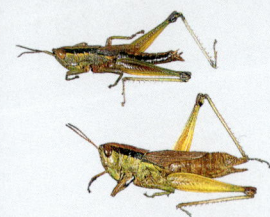

オガサワライナゴ 上♂ 下♀　　オキナワイナゴモドキ 上♂ 下♀　　ヒゲマダライナゴ 上♂ 下♀

セグロイナゴ 上♂ 下♀　　マボロシオオバッタ 上♂ 下♀

426

●バッタ科④

ショウリョウバッタ上♂下♀

ショウリョウバッタモドキ上♂下♀　ナキイナゴ上♂下♀　ヒザグロナキイナゴ上♂下♀

レブンヒナバッタ♂

ヒロバネヒナバッタ上♂下♀　ヒナバッタ上♂下♀　ヤクヒナバッタ上♂下♀

ヒゲナガヒナバッタ上♂下♀　タカネヒナバッタ上♂下♀　クモマヒナバッタ上♂下♀　ミヤマヒナバッタ上♂下♀

リクラミヤマヒナバッタ上♂下♀　ハクサンミヤマヒナバッタ上♂下♀　シロウマミヤマヒナバッタ上♂下♀　エゾコバネヒナバッタ上♂下♀

ヤマトコバネヒナバッタ上♂下♀　ヤツコバネヒナバッタ上♂下♀　アカイシコバネヒナバッタ上♂下♀

427

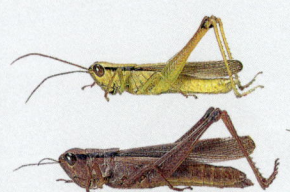

●バッタ科⑤

イナゴモドキ上♂下♀ 　　ツマグロバッタ上♂下♀ 　　マダラバッタ上♂下♀

ヤマトマダラバッタ上♂下♀ 　　トノサマバッタ上♂下♀

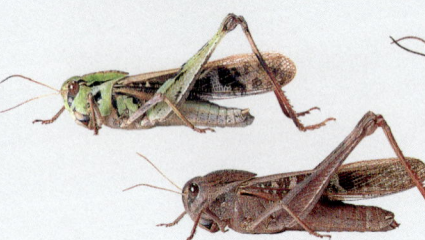

クルマバッタ上♂下♀ 　　クルマバッタモドキ上♂下♀

アカハネバッタ♂♀ 　　イボバッタ上♂下♀ 　　タイワンイボバッタ上♂下♀

カワラバッタ上♂下♀ 　　アカアシバッタ上♂下♀

オキナワモリバッタ♂	イシガキモリバッタ♂	コノゼニモリバッタ♂	クサツフキバッタ♂
シリアゲフキバッタ♀	ダイリフキバッタ♂	ヤマトフキバッタ♂	メスアカフキバッタ♀
ヒメフキバッタ♀	ヤエヤマフキバッタ♂	ハネナガフキバッタ♀	コバネイナゴ♂
セグロイナゴ♂	ショウリョウバッタ♂	ナキイナゴ♂	ヒナバッタ♂
ヤマトコバネヒナバッタ♂	ツマグロバッタ♂	トノサマバッタ♀	クルマバッタモドキ♀

バッタ科の顔コレクション

直翅目の仲間たち①

　バッタ・コオロギ・キリギリス(直翅目)に近縁な昆虫には，カワゲラ，ガロアムシ，ナナフシ，ハサミムシ，シロアリモドキ，カマキリ，ゴキブリ，シロアリ，ジュズヒゲムシ，カカトアルキ(マントファスマ)の各目が知られています。これらは「直翅類」と通称され，このうちいくつかは，かつて直翅目に含められていたこともあります。ジュズヒゲムシ目と最近発見されて話題になったカカトアルキ目は日本から見つかっていない昆虫です。

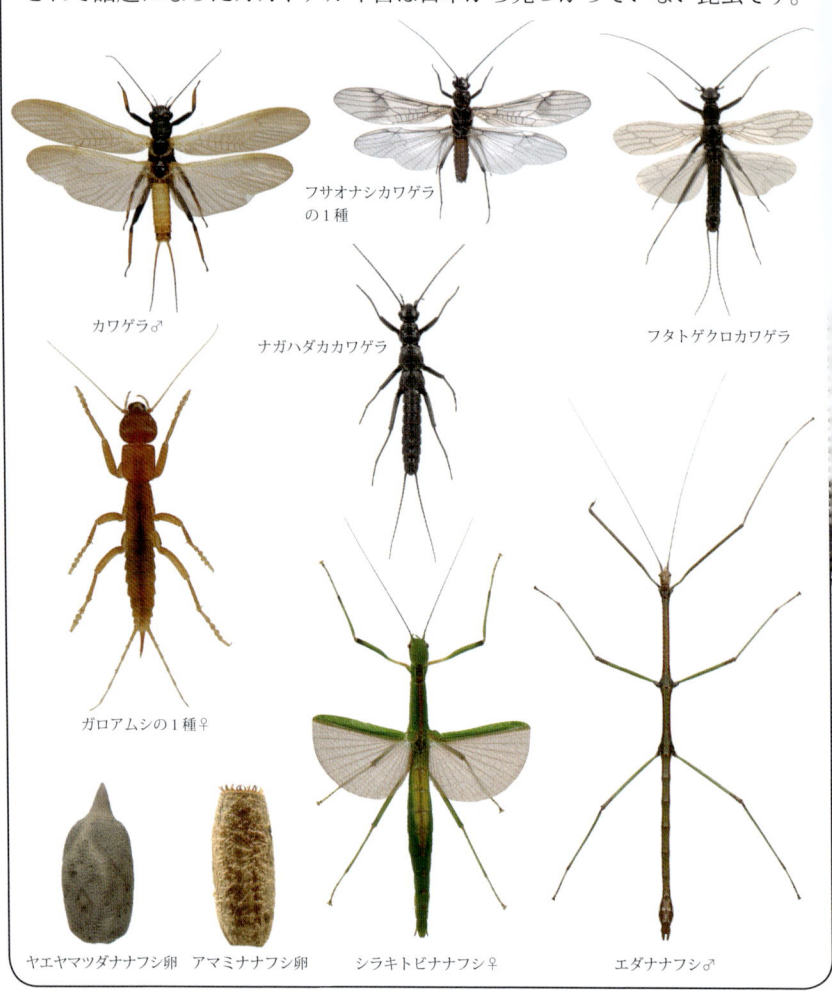

カワゲラ♂

フサオナシカワゲラの1種

ナガハダカカワゲラ

フタトゲクロカワゲラ

ガロアムシの1種♀

ヤエヤマツダナナフシ卵　アマミナナフシ卵　シラキトビナナフシ♀　エダナナフシ♂

430

直翅目の仲間たち②

クギヌキハサミムシ♂　キバネハサミムシ♂　コブハサミムシ♂ アルマン型　コブハサミムシ♂ ルイス型　ムカシハサミムシ♀

チョウセンカマキリ♂　ヒナカマキリ♂

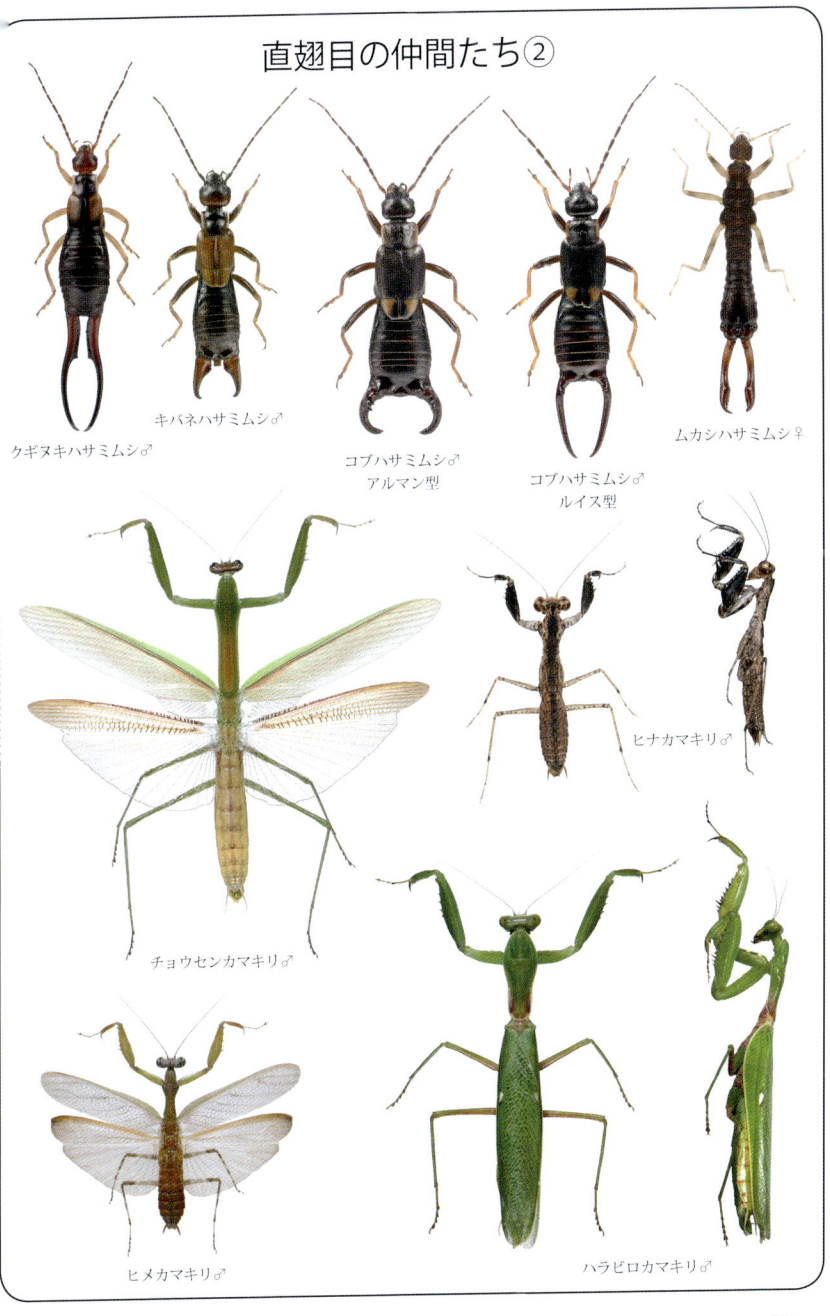

ヒメカマキリ♂　ハラビロカマキリ♂

直翅目の仲間たち③

ルリゴキブリ♂

キョウトゴキブリ♂

マダラゴキブリ♂

ハイイロゴキブリ♂

サツマゴキブリ♂

イエゴキブリ♂

ウルシゴキブリ♀

ウルシゴキブリ♀

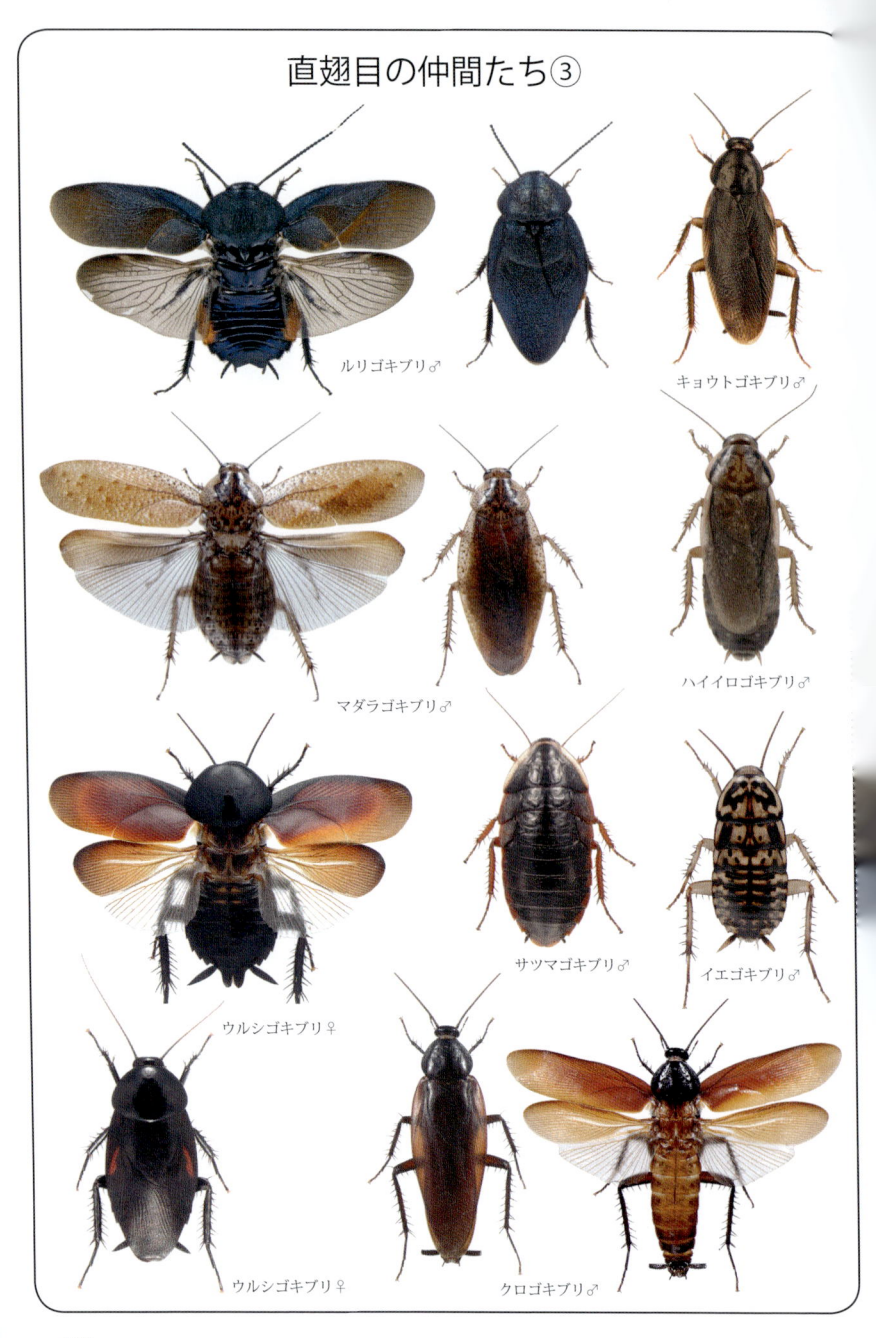

クロゴキブリ♂

本書で掲載しなかった種

過去に日本から記録はあるが現在は生息が確認できない種，記載されたものの正体不明の種，日本人が通常立ち入れない地域からのみ知られる種などは本編で掲載しなかった。以下のような種が知られている。

【コロギス科】
ヒメコロギス *Phryganogryllacris subrectis*
　台湾から知られる長翅のコロギス。本州と九州に古い記録はあるが，誤記録かもしれない。

【カマドウマ科】
センカクオオハヤシウマ *Diestrammena* sp.
　尖閣諸島北小島から♀が採集されたが，分類学的研究はなされていない。

イソズミウマ *Atachycines* sp.
　カマドウマによく似て，岩礁海岸に見られるという。今後の研究が待たれる。

【キリギリス科】
エゾヒメギス *Eobiana* sp.
　北海道の浮島湿原から採集されたが，イブキヒメギスの奇形個体ともいわれる。

シラキカヤキリモドキ *Pyrgocorypha shirakii*
　横浜から記載されたが，正体不明。

タイワンクビキリギス *Euconocephalus gracilis*
　沖縄の粟国島から1♀が採集されたが，近年は採集されていない。台湾や東南アジアに分布する。

コウトウフトササキリ *Banza parvula*
　小笠原諸島から記録があるが，現在の生息は不明。台湾やハワイに分布する。

ハナハクササキリ *Conocephalus semivittatus semivittatus*
　1990年に大阪の「花の万博」会場で1♂が採集された。オーストラリアからの一時的な移入と思われる。

【ツユムシ科】
ナンヨウツユムシ *Phaneroptera furcifera*
　硫黄島から知られる。東南アジア原産で，移入種と思われる。

ヒロバネツユムシ *Arnobia pilipes*
　東南アジア熱帯に分布するが，九州から古い記録がある。

【コオロギ科】

ナンヨウエンマコオロギ *Teleogryllus oceanicus*
　グアムやサイパンなどに分布する。硫黄島からそれらしい個体が採集されているが，移入であろう。

ハネナガコオロギ *Parapentacentrus formosanus*
　台湾や東南アジアに分布し，高知県で1♂が採集された。移入かもしれない。

【ヒバリモドキ科】

チビスズ *Dianemobius chibae*
　東京から記載され，小笠原諸島からそれらしい個体が採集されているが，正体不明。

【カネタタキ科】

ウスグロカネタタキ *Ornebius infuscatus*
　台湾に分布し，沖縄島から記録されているが疑わしい。

【ヒシバッタ科】

ミジカヅノヒシバッタ *Tetrix bipunctata*
　ユーラシア北部に分布する。国後島から記録がある。

【クビナガバッタ科】

タイワンクビナガバッタ *Erianthus formosanus*
　台湾に分布し，西表島から記録があるが，その後採集されていない。

ニッコウクビナガバッタ *Erianthus nipponensis*
　栃木県日光から記載されたが，正体不明。ラベルの誤記の可能性が高い。

【バッタ科】

サッポロフキバッタ千島亜種 *Podisma sapporensis kurilensis*
　択捉島と国後島から知られる，サッポロフキバッタの亜種。

チャチャフキバッタ *Podisma tyatiensis*
　国後島爺爺岳の高山帯から知られるフキバッタ。

ナンヨウツチイナゴ *Valanga excavata*
　ツチイナゴに似るが，全身黄土色。グアムなどのマリアナ諸島に分布し，南鳥島から採集されている。

エトロフナキイナゴ *Podismopsis konakovi*
　ヒザグロナキイナゴに近縁で，択捉島から採集されている。

クナシリコバネヒナバッタ *Chorthippus fallax saltator*

コバネヒナバッタ類の亜種で，国後島に分布する。
チシマコバネヒナバッタ *Chorthippus fallax kurilensis*
　コバネヒナバッタの亜種で，択捉島と色丹島に分布する。

　クロガネコバネコロギス *Metriogryllacris okadai*，オキナワチビカマドウマ *Neotachycines okinawajimana*，リュウキュウクチキコオロギ *Duolandrevus ryukyuensis*，センカクウミコオロギ *Parapteronemobius senkakuensis*，ヤンバルウミコオロギ *Parapteronemobius yanbarensis*，ヤンバルヒバリモドキ *Trigonidium yanbarensis*，オレンジカネタタキ *Ornebius* sp.，イリオモテフトモモカネタタキ *Ornebius* sp.，ヤエヤマアシジマカネタタキ *Ectatoderus yaeyamensis*，ウイバルアシジマカネタタキ *Ectatoderus* sp.，ヤエヤマヒメカネタタキ *Tubarama yaeyamensis*，ダイトウアリツカコオロギ *Myrmecophilus daitoensis*，ヨナグニアリツカコオロギ *Myrmecophilus* sp.，オキナワアリツカコオロギ *Myrmecophilus* sp.，アガリジマアリツカコオロギ *Myrmecophilus* sp. が『新訂版　琉球列島の鳴く虫たち』(大城安弘，2010，鳴き虫会)において記録されている。しかし，これらの学名の提唱は国際動物命名規約に則った新種記載とは認めがたく，無効名の疑いが強い。また，既知種との異同についてさらに検討が必要な種が多い。このため，本書ではこれらの種は本編で収録しなかった。

参 考 図 書

　日本の直翅目に関する文献は『バッタ・コオロギ・キリギリス大図鑑』に詳細に記載されているので，ここでは，主要な単行本について，簡単なコメントとともに紹介する(順不同)。他にも昆虫図鑑などで直翅目を含んでいるものは多数あるが，これらは割愛する。

『バッタ・コオロギ・キリギリス大図鑑』日本直翅類学会 編．2006．北海道大学出版会．
　日本の直翅目図鑑の決定版。新鮮な標本を撮影した多数の図版と詳細な解説は他に類がなく，直翅目の研究には欠かせない一冊。
『大阪市立自然史博物館叢書④ 鳴く虫セレクション －音に聴く虫の世界』大阪市立自然史博物館・大阪自然史センター 編著．2008．東海大学出版会．
　直翅目とセミについて，さまざまな話題を集めた読み物本。「日本の鳴く虫一覧」など，資料価値の高い記事も多数。
『生態写真と鳴き声で知る 沖縄の鳴く虫 50 種』佐々木健志・山城照久・村山　望 著．2009．新星出版．
　沖縄の鳴く虫図鑑。鳴き声の CD 付き。生態写真がすばらしい。
『検索入門 セミ・バッタ』宮武頼夫・加納康嗣 編著．1992．保育社．
　直翅目ではバッタ類だけの扱いだが，『バッタ・コオロギ・キリギリス大図鑑』が出るまでは一般向けの図鑑として重要な役割を果たした。
『野山の鳴く虫図鑑』瀬長　剛 著．2010．偕成社．
　鳴く虫とそのまわりの自然を描いた楽しい画集。著者の細やかな観察眼に圧倒される。
『ProFile100 別冊　鳴く虫』武藤裕美・佐藤弘隆 著．2007．ピーシーズ．
　鳴く虫を鑑賞する視点で書かれた図鑑。残念ながら誤記が少し目につく。
『ジュニア図鑑 29　鳴く虫たち』加納康嗣・岡田正哉・河合正人 著．1982．保育社．
　直翅目のさまざまな生態を紹介した図鑑。
『鳴く虫観察事典』小田英智・松山史郎 著．2007．偕成社．
　鳴く虫の生態を美しい写真で紹介。
『信州の秋に鳴く虫とそのなかま』小林正明 著．1981．信濃教育会出版部．
　長野県に見られる直翅目のモノグラフ。後の日本の直翅目研究に大きな影響を与えた。
『琉球列島の鳴く虫たち』大城安弘 著．1986．鳴き出会 / 新報出版．
　琉球列島の直翅目のはじめての図鑑。この地域の直翅目相の解明に大きな役割を果たした。2010 年には新訂版が出版された。
『日本の秋の虫』小林正明 著．1985．築地書館．
　鳴く虫の生活史を多数の美しい生態写真で紹介。
『信州の自然誌　秋に鳴く虫』小林正明 著．1990．信濃毎日新聞社．
　主に長野県を舞台に直翅目の生態や進化を解説。
『減るバッタ増えるバッタ』内田正吉 著．2005．HSK．
　直翅目と環境の変化に焦点をあてた科学エッセイ。
『鳴く虫の博物誌』松浦一郎 著．1989．文一総合出版．
『虫はなぜ鳴く』松浦一郎 著．1990．文一総合出版．
　鳴き声研究の第一人者による科学エッセイ。
『日本の直翅類』直翅類研究グループ 著．1983．大阪市立自然史博物館収蔵資料目録第 15 集．
　大阪市立自然史博物館の収蔵標本のデータ集。現在でも研究資料として重要。
『新版 鳴く虫』大阪市立自然史博物館 編．1978．大阪市立自然史博物館第 5 回特別展「鳴く虫」解説．
　特別展のパンフレットながら，鳴く虫の生態や分類などの普及に大きく貢献した歴史的な一冊。

和名索引

太字の頁数は生態写真のある頁を示します。

【あ】
アオフキバッタ　**360**, 382, 424
アオマツムシ　29, 31, **267**, 278
アカアシチドリツユムシ　202, 223, 225
アカアシバッタ　**423**, 428
アカアシホソバッタ　**349**, 424
アカイシコバネヒナバッタ　412, 427
アカガネクチキウマ　75, 84
アカギヒシバッタ　**336**, 341, 343
アカゴウマ　74, 83
アカハネオンブバッタ　344, **346**, 347
アカハネバッタ　**420**, 428
アカマツムシモドキ　**269**, 278
アガリジマアリツカコオロギ　435
アグニカマドウマ　65, 81
アケボノアメイロウマ　70, 82
アシグロウマオイ　89, **131**, 138, 139
アシグロツユムシ　30, 199, **201**, 223, 225
アシジマカネタタキ　298, 299, **304**, 305
アシズリフタエササキリモドキ
　170, **171**, 187, 189
アシナガカネタタキ　298, 305
アズマモリヒシバッタ　**335**, 337, 341, 343
アソキマダラウマ　67, 82
アトモンコマダラウマ　69, **70**, 82
アマギカマドウマ　64, 81
アマギクチキウマ　75, 84
アマギササキリモドキ　**157**, 186, 188
アマミコケヒシバッタ　319, **322**, 342
アマミコバネササキリモドキ　**162**, 186, 189
アマミナナフシ（卵）　430
アマミヒラタヒシバッタ　**320**, 342
アマミフキバッタ　**375**, 384, 425
アマミヘリグロツユムシ　**216**, 224, 225
アマミマダラカマドウマ　**54**, 78, 80
アマミモリバッタ　**350**, 424
アリツカコオロギ　**308**, 310
アリツカコオロギ科　307
アリツカコオロギ類　25
アワジササキリモドキ　**176**, 187, 189

【い】
イイデハラミドリヒメギス
　106, 134, 135, 139
イエコオロギ　27, **232**, 256, 258
イエゴキブリ　432

イシガキモリバッタ　**352**, 354, 424, 429
イシカワカマドウマ　26, 74, 83
イシヅチクチキウマ　75, 84
イシヅチササキリモドキ
　140, **155**, 156, 186, 188
イズササキリ　19, **124**, 137, 138
イセカマドウマ　**72**, 74, 83
イソカネタタキ　298, **301**
イソスズ　**287**, 296
イソズミウマ　433
イナゴモドキ　**413**, 428
イナゴ類　378, 413
イブキヒメギス
　103, 104, 105, 106, 107, 134, 135, 139
イブキヤブキリ　93
イブシマダラウマ　68, 78, 82, 86
イボトゲヒシバッタ　**323**, 342
イボバッタ　**421**, 428
イヨササキリモドキ　182, **183**, 187, 190
イリオモテアシジマカネタタキ　298, 305
イリオモテフトモモカネタタキ　435
イリオモテモリバッタ　**353**, 424
インドカンタン　**276**, 278

【う】
ウイバルアシジマカネタタキ　435
ウスイロアリツカコオロギ　**308**, 310
ウスイロキマダラウマ　68, 82
ウスイロササキリ　**121**, 137, 138
ウスグモスズ　**286**, 296
ウスグロカネタタキ　434
ウスモンナギサスズ　279, **288**, 289, 297
ウスリーカマドウマ　**71**, 74, 78, 83
ウスリーカマドウマ亜属　74
ウスリーヤブキリ　90, 93, 132
ウマオイ亜科　**89**, 138
ウルシゴキブリ　432
ウワササキリモドキ　**173**, 187, 189
ウンゼンササキリモドキ　144, **167**, 186, 189
ウンゼンツユムシ　**206**, 223, 225

【え】
エサキクチキウマ　75, 84
エゾエンマコオロギ
　233, 234, 235, 236, 256, 258
エゾコバネササキリ　**120**, 137, 138

エゾコバネヒナバッタ　　410, 411, 412, 427
エゾスズ　　19, **289**, 290, 297
エゾツユムシ　　206, **208**, 223, 225
エゾハラヒシバッタ　　338, 341, 343
エゾヒメギス　　433
エゾヒラタクチキウマ　　77, 85
エダナナフシ　　430
エトロフナキイナゴ　　435
エヒコノササキリモドキ　　166, 186, 189
エヒメフタエササキリモドキ
　　169, 170, 171, 186, 189
エラブカマドウマ　　65, 81
エンマコオロギ
　　21, 29, 233, **234**, 236, 256, 258
エンマコオロギ山地型　　256

【お】
オオアリツカコオロギ　　307, 308, 310
オオオカメコオロギ　　227, **247**, 257, 259
オオカヤコオロギ　　**272**, 278
オオクサキリ　　114, 136, 139
オオクチキウマ　　75, 84
オオスミコバネササキリモドキ
　　144, **161**, 188
オオハネナシコロギス　　49, 79
オオハヤシギス　　**60**, 78, 80, 86
オガサワライナゴ　　391, 426
オガサワラカネタタキ　　298, 302
オガサワラクチキコオロギ　　261, 278
オガサワラクビキリギス　　88, **118**, 136, 139
オガサワラコバネコロギス　　**48**, 79, 396
オガサワラヒバリモドキ　　284, 296
オカメコオロギ類　　243, 244, 246, 247
オキナワアリツカコオロギ　　435
オキナワイナゴモドキ　　393, 426
オキナワキリギリス　　99, **100**, 133
オキナワコケヒシバッタ　　322, 342
オキナワコマダラウマ　　**69**, 70, 82
オキナワシブイロカヤキリ　　**116**, 136
オキナワチビカマドウマ　　435
オキナワツユムシ　　204, 223, 225
オキナワトゲヒシバッタ　　325, 326, 342
オキナワヒサゴクサキリ　　109, 135
オキナワヒバリモドキ　　284, 296
オキナワヒメツユムシ　　148, 149, 151, 188
オキナワヒラタヒシバッタ　　197, **320**, 342
オキナワフキバッタ　　**377**, 384, 425
オキナワヘリグロツユムシ
　　217, 218, 224, 225
オキナワマツムシ　　265, 278
オキナワモリバッタ　　**351**, 424, 429

オタリクチキウマ　　75, 85
オチバカネタタキ　　298, 299, **306**
オチバコオロギ　　**230**, 258
オナガササキリ　　89, **122**, 137, 138, 139
オナガフキバッタ　　368, 383, 425
オニササキリモドキ　　144, **156**, 186, 188
オマガリフキバッタ　　**364**, 373, 382, 424
オレンジカネタタキ　　435
オンブバッタ　　22, 344, **345**, 346, 347
オンブバッタ科　　344

【か】
カケガワフキバッタ　　**374**, 384, 425
カスミササキリ　　19, **127**, 137, 138, 139
カネタタキ　　298, 299, **300**
カネタタキ科　　**299**
カネタタキの1種　　396
カマドウマ　　50, **64**, 78, 81, 86
カマドウマ科　　**50**
カマドウマ類　　26
カマドコオロギ　　27, **254**, 257, 259
カミタカラカマドウマ　　72, 83
カヤキリ　　**110**, 136, 139
カヤコオロギ　　260, **271**, 278
カヤヒバリ　　**281**, 282, 296
カラフトキリギリス　　**96**, 132, 139
カルニーウブゲヒバリ　　286, 296
ガロアムシの1種　　430
カワゲラ　　430
カワラスズ　　23, **293**, 298
カワラバッタ　　23, **422**, 428
カンタン　　20, **274**, 275, 278

【き】
キアシヒバリモドキ　　30, **285**, 296
キイフキバッタ　　**367**, 383, 425
キソコマコバネヒナバッタ　　412
キタササキリ　　**120**, 137, 138, 139
キタササキリモドキ
　　12, 140, **164**, 169, 186, 189
キタヤチスズ　　**290**, 297
キバネハサミムシ　　431
キビフキバッタ　　365, 373, 383, 424
ギフクチキウマ　　75, 85
ギフヒシバッタ　　**336**, 341, 343
キマダラウマ　　66, **67**, 78, 82, 86
キマダラウマ類　　67, 68
キュウシュウカマドウマ　　74, 83
キョウトゴキブリ　　432
キリギリス　　90
キリギリス亜科　　**87**

キリギリス科　　87
キンキクチキウマ　　76, 84
キンキフキバッタ　　369, 383, 425
キンヒバリ　　19, 279, 281, **282**, 296

【く】
クガニフキバッタ　　**376**, 384, 425
クギヌキハサミムシ　　431
クサアリツカコオロギ　　308, 310
クサキリ　　88, **112**, 113, 136, 139
クサキリ亜科　　88, 136
クサツフキバッタ　　**358**, 382, 424, 429
クサヒバリ　　279, **283**, 295, 296
クチキウマ　　75, 84
クチキウマモドキ　　77, 85
クチキウマ類　　75, 76
クチキコオロギ　　13, 260, **261**, 262, 278
クチナガコオロギ　　249, 253, 257, 259
クツワムシ　　31, 192, 193, **194**, 198
クツワムシ科　　**192**
クナシリコバネヒナバッタ　　435
クニサキフタエササキリモドキ
　　170, 186, 189
クビキリギス
　　32, 33, 88, 115, **117**, 118, 136, 139
クボタアリツカコオロギ　　308, 310
クマアリツカコオロギ　　308, 310
クマコオロギ　　240, 256, 258
クマスズムシ　　227, **255**, 259
クマドリキマダラウマ　　**68**, 82, 86
クメカマドウマ　　**65**, 81, 86
クメジマヒメツユムシ　　**149**, 151, 188
クモマヒナバッタ　　18, **405**, 427
クラズミウマ　　27, **63**, 78, 81, 86
クルマバッタ　　20, 348, **418**, 428
クルマバッタモドキ　　348, **419**, 428, 429
クロイシカワカマドウマ　　72, 83
クロガネコバネコロギス　　435
クロギス科　　**38**
クロゴキブリ　　432
クロスジコバネササキリモドキ
　　144, 158, **159**, 186, 188
クロダケササキリモドキ　　**174**, 187, 189
クロツヤコオロギ　　**228**, 256, 258
クロヒバリモドキ　　**285**, 296
クロメヒバリ　　282, 296

【け】
ケラ　　311, **312**
ケラ科　　**311**
ケラマキマダラウマ　　68, 82

【こ】
コイナゴ　　**387**, 426
コウトウフトササキリ　　433
コウヤササキリモドキ
　　144, **153**, 154, 186, 188
コオツササキリモドキ　　**178**, 187, 190
コオロギ科　　**227**, 258, 259
コカゲヒシバッタ　　**331**, 342
コガタカマドウマ　　72, 83
コガタカンタン　　**275**, 278
コガタコオロギ　　**252**, 257, 259
コズエヤブキリ　　87, 90, **94**, 95, 132, 139
コノシタウマ　　56, **61**, 62, 63, 78, 81, 86
コバネイナゴ　　21, **390**, **391**, 426, 429
コバネコロギス　　16, **46**, 48, 79, 86
コバネササキリ　　**123**, 137, 138, 139
コバネササキリモドキ　　**158**, 186, 188
コバネバッタ　　355
コバネヒシバッタ　　**332**, 333, 341, 343
コバネヒナバッタ類　　435
コバネヒメギス　　**108**, 134, 135
コバネマツムシ　　**264**, 278
コブハサミムシ(アルマン型)　　431
コブハサミムシ(ルイス型)　　431
コモダスエンマコオロギ　　234, 258
ゴリアテカマドウマ　　**59**, 78, 80, 86
コロギス　　29, 32, 36, 42, **43**, 79, 86
コロギス科　　**42**

【さ】
サイゴクイナゴ　　**391**, 426
サキオレツユムシ　　**220**, 225
ササキリ　　89, **125**, 137, 138, 139, 198
ササキリ亜科　　**89**, 137
ササキリモドキ　　**145**, 151, 188
ササキリモドキ科　　**140**
サッポロフキバッタ　　**357**, 358, 382, 424
サッポロフキバッタ千島亜種　　435
サツマカマドウマ　　**74**, 83
サツマゴキブリ　　432
サツママダラカマドウマ　　**53**, 80
サトアリツカコオロギ　　307, **309**, 310
サドカマドウマ　　72, 83
サトクダマキモドキ　　14, **213**, 214, 224, 225
サドヒシバッタ　　335, 341, 343
サヌキササキリモドキ　　**181**, 187, 190

【し】
シコククチキウマ　　75, 84
シコクササキリモドキ　　**177**, 178, 187, 189
シコクチビクチキウマ　　75, 84

439

シコクフキバッタ　　**366**, 383, 424
シバスズ　　22, **294**, 295, 298
シブイロカヤキリ　　34, **115**, 116, 136, 139
シマントササキリモドキ　　156, 186, 188
ショウリョウバッタ
　　20, 29, 198, **397**, 398, 427, 429
ショウリョウバッタモドキ　　**398**, 427
シラキカヤキリモドキ　　433
シラキトビナナフシ　　430
シリアゲフキバッタ　　**359**, 382, 424, 429
シロウマミヤマヒナバッタ　　**408**, 427
シロオビアリツカコオロギ　　310

【す】
スオウササキリモドキ　　140, **163**, 186, 189
スズカササキリモドキ　　144, **154**, 186, 188
スズムシ　　20, 255, **273**, 278
ズトガリクビキリ　　**111**, 136, 139
スルガコバネヒシバッタ　　333, 342
スルガセモンササキリモドキ　　144, 151, 188
ズングリウマ　　**51**, 78, 80, 86

【せ】
セグロイナゴ　　20, **395**, 426, 429
セグロキンヒバリ　　282, 296
セスジササキリモドキ　　**146**, 151, 188
セスジツユムシ
　　199, 203, **205**, 206, 207, 223, 225
セダカヒシバッタ　　**340**, 343
セッピコササキリモドキ　　175, 189
セモンササキリモドキ類　　12
センカクウミコオロギ　　435
センカクオオハヤシウマ　　433

【た】
ダイセツタカネフキバッタ
　　18, **356**, 382, 424
ダイセンササキリモドキ　　140, **185**, 187, 190
ダイトウアリツカコオロギ　　435
ダイトウウミコオロギ　　288, 297
ダイトウクダマキモドキ
　　199, **211**, 212, 223, 225
ダイリフキバッタ　　**361**, 382, 424, 429
タイワンイボバッタ　　**421**, 428
タイワンウマオイ　　89, **128**, 138, 139
タイワンエンマコオロギ
　　227, 234, **236**, 256, 258
タイワンカヤヒバリ　　283, 296
タイワンクダマキモドキ　　**222**, 225
タイワンクツワムシ　　16, 192, **193**, 194
タイワンクビキリギス　　433

タイワンクビナガバッタ　　434
タイワンコバネイナゴ　　392, 426
タイワンツチイナゴ　　385, **386**, 425
タイワンハネナガイナゴ　　**388**, 389, 426
タイワンモリバッタ　　355
タカネヒナバッタ　　**404**, 427
タテスジコバネコロギス　　47, 79
タニガワハラミドリヒメギス　　106, 134, 135
タラノキフキバッタ　　**379**, 384, 425
タラマハヤシウマ　　60, 81
タンザワフキバッタ　　**372**, 373, 383, 425
タンボオカメコオロギ　　242, **244**, 257, 259
タンボコオロギ　　**239**, 256, 258

【ち】
チシマコバネヒナバッタ　　435
チチブヒシバッタ　　**335**, 341, 343
チビクチキウマ　　50, **75**, 78, 84, 86
チビスズ　　434
チビヒシバッタ　　**321**, 342
チャイロカンタン　　276, 278
チャチャフキバッタ　　435
チャマダラヒバリモドキ　　284, 296
チュウブクチキウマ　　75, 84
チョウセンイナゴ　　388, 426
チョウセンカマキリ　　431

【つ】
ツクバカマドウマ　　72, 83
ツシマオカメコオロギ　　248, 257, 259
ツシマフトギス　　**101**, 133, 139
ツチイナゴ　　30, 32, 35, **385**, 386, 425, 435
ツヅレサセコオロギ
　　22, 227, 249, **250**, 251, 253, 257, 259
ツヅレサセコオロギ類　　252
ツノジロノミバッタ　　313, **317**, 318
ツマグロツユムシの1種　　203
ツマグロバッタ　　**414**, 428, 429
ツヤヒラタクチキウマ　　77, 85
ツユムシ　　**200**, 201, 203, 223, 225
ツユムシ科　　199
ツルギクチキウマ　　75, 85
ツルギササキリモドキ　　**180**, 187, 190

【て】
テカリダケフキバッタ　　**371**, 383, 425
テテヒメツユムシ　　150, 151, 188
テラニシアリツカコオロギ　　307, **308**, 310
テングササキリモドキ　　**184**, 187, 190

440

【と】

トウカイカマドウマ　73
トウカイコバネヒシバッタ　　333, 341, 342
ドウナンヒラタクチキウマ　　78, 85
トウホクヒメギス　　103, 134, 135
トウホクヒラタクチキウマ　　77, 85
トカラアメイロウマ　　70, 82
トゲヒシバッタ　　32, 37, **325**, 342
トゲヒシバッタ類　326
トサクチキウマ　　75, 84
トササキリモドキ　　**182**, 187, 190
トサハヤシウマ　　59, 80
トシマコバネササキリモドキ　　160, 189
ドナンヒメツユムシ　　150, 151, 188
トノサマバッタ
　　29, 30, 31, 348, **417**, 418, 428, 429

【な】

ナカオレツユムシ　　199, **221**, 225
ナガハダカカワゲラ　　430
ナガヒシバッタ　　329, 342
ナガレトゲヒシバッタ　　**324**, 342
ナキイナゴ　　**399**, 400, 427, 429
ナギサスズ　　**289**, 297
ナギサスズ類　28
ナツノツヅレサセコオロギ　　**251**, 257, 259
ナンヨウエンマコオロギ　434
ナンヨウツチイナゴ　　435
ナンヨウツユムシ　　434

【に】

ニシキリギリス
　　29, 30, **97**, 98, 99, 100, 133
ニセハネナガヒシバッタ　　**330**, 342
ニセヒノマルコロギス　　45, 79
ニッコウクビナガバッタ　　434
ニッコウヒシバッタ　　335, 341, 343
ニッコウヒラタクチキウマ　　77, 85
ニトベノミバッタ　　**315**, 318
ニョタイササキリモドキ
　　144, **179**, 180, 187, 190
ニンポーイナゴ　　391, 426

【ね】

ネッタイオカメコオロギ　　**245**, 257, 259
ネッタイクマスズムシ　　255, 259
ネッタイシバスズ　　**295**, 298
ネッタイヒバリ　　280, 296
ネッタイマダラスズ　　292, 297
ネッタイヤチスズ　　**291**, 297

【の】

ノセヒシバッタ　　**340**, 341, 343
ノミバッタ　　313, **314**, 318
ノミバッタ科　　**313**
ノミバッタの仲間　　32
ノリクラミヤマヒナバッタ　　**409**, 427

【は】

ハイイロゴキブリ　432
ハクサンクチキウマ　　75, 85
ハクサンミヤマヒナバッタ　　**407**, 427
ハスオビアメイロウマ　　70, 82
ハダカササキリモドキ　　**172**, 173, 187, 189
ハタケノウマオイ　　128, 129, **130**, 138
ハチジョウコバネササキリモドキ
　　160, 186, 189
バッタ科　　**348**
ハナハクササキリ　　433
ハネナガイナゴ　　348, **389**, 426
ハネナガキリギリス　　**99**, 133, 139
ハネナガコオロギ　　434
ハネナガヒシバッタ
　　32, 37, 319, **327**, 328, 342
ハネナガフキバッタ　　380, 384, 425, 429
ハネナシコオロギ　　**229**, 230, 256, 258
ハネナシコロギス　　42, **49**, 79, 86
ハマコオロギ　　28, **288**, 296
ハマスズ　　24, 197, 279, **293**, 297
ハヤシウマ　　29, 50, **57**, 58, 78, 80, 86
ハヤシノウマオイ　　89, 128, **129**, 138, 139
ハヤチネフキバッタ　　18, **381**, 384, 425
ハラオカメコオロギ
　　242, **243**, 246, 257, 259
ハラヒシバッタ　　319, **338**, 339, 341, 343
ハラヒシバッタ(長翅型)　　341
ハラビロカマキリ　　431
ハラミドリヒメギス　　**106**, 134, 135, 139
バンダイヒメギス　　**104**, 134, 135

【ひ】

ヒガシキリギリス　　87, 97, **98**, 133, 139
ヒゲシロスズ　　283, **295**, 298
ヒゲナガヒナバッタ　　23, **403**, 427
ヒゲマダライナゴ　　**394**, 426
ヒザグロナキイナゴ　　**400**, 427, 435
ヒサゴクサキリ　　88, **109**, 135, 139
ヒサゴクサキリ亜科　　**88**, 135
ヒシバッタ科　　**319**
ヒシバッタの仲間　　32
ヒダカヒラタクチキウマ　　77, 85
ヒトコブササキリモドキ　　**175**, 176, 187, 189

441

ヒナアメイロウマ　　70, 82
ヒナカマキリ　　431
ヒナバッタ　　**402**, 427, 429
ヒナバッタ属　　355
ヒナバッタ類(高山性)　　18
ヒノマルコロギス　　42, **45**, 79, 86
ヒバリモドキ科　　**279**
ヒバリモドキの1種　　396
ヒメオンブバッタ　　344, **346**, 347
ヒメカマキリ　　431
ヒメギス　　87, **102**, 103, 134, 135
ヒメキマダラウマ　　**66**, 78, 82
ヒメクサキリ　　**113**, 114, 136, 139
ヒメクダマキモドキ　　29, **212**, 224, 225
ヒメコオロギ　　**241**, 256, 258
ヒメコガタコオロギ　　**238**, 258
ヒメコロギス　　433
ヒメスズ　　13, **291**, 297
ヒメツユムシ　　144, **147**, 151, 188
ヒメツユムシ類　　150
ヒメハヤシウマ　　57, 80
ヒメヒシバッタ　　**339**, 341, 343
ヒメヒシバッタ(中翅型)　　341
ヒメヒシバッタ(長翅型)　　341
ヒメフキバッタ　　**373**, 374, 384, 425, 429
ヒョウノセンクチキウマ　　75, 84
ヒョウノセンヒメギス　　**105**, 134, 135, 139
ヒョウノセンフキバッタ　　**365**, 373, 383, 424
ヒラタクチキウマ　　**77**, 78, 85, 86
ヒラタクチキウマ類　　11
ヒラタツユムシ　　195, **196**
ヒラタツユムシ科　　**195**
ヒラタツユムシの仲間　　197
ヒラタヒシバッタ類　　15
ヒルギカネタタキ　　17, 298, 299, **303**
ヒルギササキリモドキ　　17, **141**, 151, 187
ヒロバネカンタン　　31, 276, **277**, 278
ヒロバネツユムシ　　434
ヒロバネヒナバッタ　　**401**, 427

【ふ】
フキバッタ類　　355, 378
フサオナシカワゲラの1種　　430
フジコバネヒナバッタ　　412
フタイロヒバリ　　**281**, 296
フタツトゲササキリ　　**126**, 137, 138, 139
フタトゲクロカワゲラ　　430
フタホシコオロギ　　**231**, 232, 256, 258
フトアシジマカネタタキ　　298, **305**
フトカマドウマ　　**62**, 78, 81, 86

【へ】
ヘリグロツユムシ　　**215**, 224, 225
ヘリグロツユムシの1種　　396

【ほ】
ボウソウサワヒシバッタ　　**337**, 341, 343
ボカシキマダラウマ　　68, 82
ホクリクコバネヒシバッタ　　**333**, 341, 343
ホシササキリ　　**119**, 137, 138, 139
ホソクビツユムシ　　12, **209**, 223, 225
ホソハネナガヒシバッタ　　**329**, 342
ボルネオヒサゴクサキリ　　88, **109**, 135
ホンシュウフタエササキリモドキ
　　168, 169, 186, 189

【ま】
マダラカマドウマ
　　31, **52**, 53, 54, 55, 63, 78, 80, 86
マダラコオロギ　　16, 260, **263**, 278
マダラゴキブリ　　432
マダラスズ　　22, **292**, 293, 297
マダラノミバッタ　　313, **316**, 318
マダラバッタ　　**415**, 428
マツムシ　　20, 260, **265**, 278
マツムシ科　　260
マツムシモドキ　　13, **268**, 269, 270, 278
マツモトヒラタクチキウマ　　77, 85
マボロシオオバッタ　　396, 426
マメカマドウマ　　72, 83
マメクロコオロギ　　**237**, 258
マルモンコロギス　　42, **44**, 79, 86
マングローブスズ　　17, **287**, 296

【み】
ミカドフキバッタ　　**362**, 382, 424
ミカワクチキウマ　　75, 84
ミクラコバネササキリモドキ　　160, 189
ミジカヅノヒシバッタ　　434
ミツカドコオロギ
　　30, **246**, 247, 248, 257, 259
ミナミアリツカコオロギ　　308, 310
ミナミササキリモドキ
　　144, **165**, 166, 186, 189
ミナミトゲヒシバッタ　　**326**, 342
ミナミハネナガヒシバッタ　　**328**, 329, 342
ミヤマヒナバッタ
　　18, **406**, 407, 408, 409, 427
ミヤマヒメギス　　**107**, 134, 135, 139

【む】
ムカシハサミムシ　　431

ムサシセモンササキリモドキ
　　142, **143**, 151, 187
ムツセモンササキリモドキ
　　143, 144, 151, 187
ムニンエンマコオロギ　　**235**, 256, 258, 396
ムニンツヅレサセコオロギ　　**253**, 259, 396
ムニンツユムシ　　**207**, 223, 225, 396
ムネツヤアメイロウマ　　70, 82
ムモンアメイロウマ　　70, 83

【め】
メシマカマドウマ　　64, 81
メスアカフキバッタ
　　370, 371, 372, 373, 383, 425, 429

【も】
モザイクコマダラウマ　　69, 82
モリオカメコオロギ　　14, **242**, 245, 257, 259
モリズミウマ　　**56**, 61, 78, 80, 86
モリバッタ(類)　　15, 355, 378
モリバッタ属　　355
モリヒシバッタ　　14, **334**, 335, 341, 343

【や】
ヤエヤマアシジマカネタタキ　　435
ヤエヤマオオツユムシ　　**210**, 223, 225
ヤエヤマクチキコオロギ　　**262**, 278
ヤエヤマクロギリス　　**40**, 79
ヤエヤマササキリモドキ　　144, **152**, 186, 188
ヤエヤマツダナナフシ(卵)　　430
ヤエヤマヒメカネタタキ　　435
ヤエヤマヒメツユムシ　　**150**, 151, 188
ヤエヤマフキバッタ　　**378**, 384, 425, 429
ヤエヤマヘリグロツユムシ
　　199, **218**, 219, 225
ヤエヤマヘリグロツユムシ西表亜種
　　219, 224
ヤエヤマヘリグロツユムシ基亜種　　224
ヤエヤマヘリグロツユムシ与那国亜種
　　218, 224
ヤエヤママダラウマ　　**55**, 78, 80, 86
ヤエヤママツムシモドキ　　**270**, 278
ヤクカマドウマ　　65, 81
ヤクシマクロギリス　　38, **41**, 79, 86
ヤクシマコバネササキリモドキ　　**161**, 188
ヤクハヤシウマ　　**58**, 80, 86
ヤクヒナバッタ　　402, 427

ヤセヒシバッタ　　319, **339**, 341, 343
ヤセヒシバッタ(長翅型)　　341
ヤチスズ　　**290**, 291, 297
ヤツコバネヒナバッタ　　**412**, 427
ヤブキリ　　90, **91**, 92, 93, 132, 139
ヤクダマキモドキ　　30, **214**, 224, 225
ヤマトコバネヒナバッタ　　**411**, 427, 429
ヤマトヒナバッタ　　427
ヤマトヒバリ　　**280**, 281, 296
ヤマトンキバッタ
　　363, 364, 365, 373, 424, 429
ヤマトフキバッタ(短翅型)　　382
ヤマトフキバッタ(長翅型)　　382
ヤマトマダラバッタ　　24, **416**, 428
ヤマヤブキリ　　90, **93**, 132
ヤンバルウミコオロギ　　435
ヤンバルクロギリス　　15, 38, **39**, 79, 86
ヤンバルヒバリモドキ　　435

【ゆ】
ユワンササキリモドキ　　152, 186, 188

【よ】
ヨナグニアメイロウマ　　70, 83
ヨナグニアリツカコオロギ　　435
ヨナグニクチキコオロギ　　262, 278
ヨナグニコカゲヒシバッタ　　**331**, 342
ヨナグニハヤシウマ　　60, 81
ヨナグニヒシバッタ　　**326**, 342
ヨナグニモリバッタ　　**354**, 424, 429
ヨナヒメツユムシ　　148, 151
ヨリメヒシバッタ　　**321**, 342

【り】
リクチュウイナゴ　　391, 426
リュウキュウカネタタキ　　298, **302**
リュウキュウクチキコオロギ　　435
リュウキュウサワマツムシ　　**266**, 278
リュウキュウチビスズ　　**292**, 297
リュウキュウツユムシ　　**203**, 223, 225

【る】
ルリゴキブリ　　432

【れ】
レブンヒナバッタ　　402, 427

学名索引
太字の頁数は生態写真のある頁を示します。

【A】

Acheta domesticus 232
Acrida cinerea 397
Acrididae **348**
Agraeciinae **88**
Aiolopus thalassinus tamulus **415**
Alpinanoplophilus azumayamanus 77
Alpinanoplophilus gracilicercus 77
Alpinanoplophilus longicercus **77**
Alpinanoplophilus matsumotoi 77
Alpinanoplophilus parvus 77
Alpinanoplophilus tohokuensis 77
Alpinanoplophilus yasudai 77
Alpinanoplophilus yezoensis 77
Alpinanoplophilus yoteizanus **78**
Alulatettix fornicatus **340**
Amphinotus amamiensis **322**
Amphinotus okinawaensis **322**
Amusurgus genji **286**
Anapodisma miramae **359**
Anaxipha longealata 282
Anoplophilus acuticercus 75
Anoplophilus amagisanus 75
Anoplophilus befui 75
Anoplophilus esakii 75
Anoplophilus hakusanus 75
Anoplophilus hasegawai 75
Anoplophilus hyonosenensis 75
Anoplophilus major 75
Anoplophilus minor **75**
Anoplophilus ohbayashii 75
Anoplophilus okadai **75**
Anoplophilus otariensis 75
Anoplophilus shikokuensis 75
Anoplophilus tominagai **76**
Anoplophilus tosaensis 75
Anoplophilus tsurugisanus 75
Anoplophilus utsugidakensis 75
Anoplophilus wakuiae 75
Anostostomatidae **38**
Aopodisma subaptera **360**
Aphonoides japonicus **268**
Aphonoides rufescens **269**
Apteronemobius asahinai **287**
Arnobia pilipes **434**
Asymmetricercus suohensis **163**

Atachycines apicalis apicalis **64**
Atachycines apicalis gusouma **65**
Atachycines apicalis nabbieae **65**
Atachycines apicalis panauruensis 65
Atachycines apicalis yakushimensis 65
Atachycines sp. **433**
Atractomorpha angusta **346**
Atractomorpha lata **345**
Atractomorpha sinensis sinensis **346**
Austrohancockia amamiensis **320**
Austrohancockia okinawaensis **320**

【B】

Banza parvula **433**

【C】

Caconemobius daitoensis 288
Caconemobius sazanami **289**
Caconemobius takarai **288**
Callopodisma dairisama **361**
Cardiodactylus guttulus **263**
Celes akitanus **420**
Chizuella bonneti **108**
Chorthippus fallax akaishicus **412**
Chorthippus fallax kurilensis **435**
Chorthippus fallax saltator 435
Chorthippus fallax ssp. **412**
Chorthippus fallax strelkovi **410**
Chorthippus fallax yamato **411**
Chorthippus fallax yatsuanus **412**
Chorthippus intermedius **404**
Chorthippus kiyosawai **405**
Chorthippus supranimbus hakusanus **407**
Chorthippus supranimbus norikuranus **409**
Chorthippus supranimbus shiroumanus **408**
Chorthippus supranimbus supranimbus **406**
Comidogryllus nipponensis **241**
Conocephalinae **89**
Conocephalus bambusanus **126**
Conocephalus beybienkoi 120
Conocephalus chinensis **121**
Conocephalus fuscus **120**
Conocephalus gladiatus **122**
Conocephalus halophilus **124**
Conocephalus japonicus **123**
Conocephalus maculatus **119**

Conocephalus melaenus 125
Conocephalus semivittatus semivittatus 433
Copiphorinae 88
Cosmetura amamiensis 162
Cosmetura fenestrata 158
Cosmetura ficifolia 159
Cosmetura mikuraensis hachijyoensis 160
Cosmetura mikuraensis mikuraensis 160
Cosmetura mikuraensis toshimaensis 160
Cosmetura sp. 161
Criotettix japonicus 325
Criotettix okinawanus 325
Criotettix saginatus 326
Cycloptiloides longipes 305

【D】

Decticus verrucivorus 96
Deflorita sp. 203
Dianemobius chibae 434
Dianemobius csikii 293
Dianemobius fascipes 292
Dianemobius furumagiensis 293
Dianemobius nigrofasciatus 292
Diestrammena asynamora 63
Diestrammena davidi 57
Diestrammena elegantissima 61
Diestrammena gigas 54
Diestrammena goliath 59
Diestrammena hisanorum 60
Diestrammena inexpectata 53
Diestrammena iriomotensis 55
Diestrammena itodo 57
Diestrammena japanica 52
Diestrammena nicolai 60
Diestrammena robusta 62
Diestrammena sp. 433
Diestrammena taniusagi 59
Diestrammena taramensis 60
Diestrammena tsushimensis 56
Diestrammena yakumontana 58
Ducetia boninensis 207
Ducetia japonica 205
Ducetia unzenensis 206
Duolandrevus gunlheri 262
Duolandrevus ivani 261
Duolandrevus major 261
Duolandrevus ryukyuensis 435
Duolandrevus yonaguniensis 262

【E】

Ectatoderus annulipedus 304
Ectatoderus sp. 305, 435
Ectatoderus yaeyamensis 435
Elimaea yaeyamensis 210
Eneopteridae 260
Eobiana engelhardti subtropica 102
Eobiana gradiella 103
Eobiana japonica 103
Eobiana nagashimai 106
Eobiana nagashimai iidensis 106
Eobiana nagashimai nagashimai 106
Eobiana nagashimai tanigawaensis 106
Eobiana nippomontana 107
Eobiana sp. 104, 105, 433
Epacromius japonicus 416
Ergatettix dorsifer 330
Erianthus formosanus 434
Erianthus nipponensis 434
Euconocephalus gracilis 433
Euconocephalus nasutus 118
Euconocephalus varius 117
Eucriotettix oculatus transpinosus 324
Euparatettix histricus 328
Euparatettix insularis 327
Euparatettix tricarinatus 329
Euscyrtus japonicus 271
Eusphingonotus japonicus 422

【F】

Formosatettix larvatus 332
Formosatettix niigataensis 333
Formosatettix surugaensis 333
Formosatettix tokaiensis 333
Fruhstorferiola okinawaensis 379

【G】

Gampsocleis buergeri 97
Gampsocleis mikado 98
Gampsocleis ryukyuensis 100
Gampsocleis ussuriensis 99
Gastrimargus marmoratus 418
Gesonula punctifrons 393
Gibbomeconema odoriko 157
Glyptobothrus maritimus maritimus 402
Glyptobothrus maritimus saitorum 402
Glyptobothrus rebuntoensis 402
Goniogryllus sexspinosus 229
Gonista bicolor 398
Gryllacrididae 42
Gryllidae 227
Gryllodes sigillatus 254
Gryllotalpa orientalis 312

Gryllotalpidae 311
Gryllus bimaculatus 231

【H】
Hedotettix gracilis 340
Heteropternis rufipes 423
Hexacentrus fuscipes 131
Hexacentrus hareyamai 129
Hexacentrus japonicus 130
Hexacentrus unicolor 128
Hieroglyphus annulicornis 394
Holochlora japonica 213
Holochlora longifissa 214
Homoeoxipha lycoides 281
Homoeoxipha nigripes 280
Homoeoxipha obliterata 280
Hyboella aberrans 326

【 I 】
Isopsera denticulata 221
Isopsera sulcata 220

【K】
Kinkiconocephalopsis koyasanensis 153
Kinkiconocephalopsis matsuurai 154
Kuwayamaea sapporensis 208
Kuzicus suzukii 145

【L】
Lebinthus yaeyamensis 264
Leptoteratura albicornis 147
Leptoteratura digitata 148
Leptoteratura jona 148
Leptoteratura sp. 149
Leptoteratura symmetrica 150
Leptoteratura yaeyamana donan 150
Leptoteratura yaeyamana yaeyamana 150
Listroscelidinae 89
Locusta migratoria 417
Loxoblemmus aomoriensis 244
Loxoblemmus campestris 243
Loxoblemmus doenitzi 246
Loxoblemmus equestris 245
Loxoblemmus magnatus 247
Loxoblemmus sylvestris 242
Loxoblemmus tsushimensis 248

【M】
Meconematidae 140
Mecopoda elongata 193
Mecopoda niponensis 194

Mecopodidae 192
Mecostethus parapleurus 413
Melanogryllus bilineatus 237
Meloimorpha japonica 273
Metiochodes karnyi 286
Metriogryllacris fasciatus 47
Metriogryllacris magnus 46
Metriogryllacris okadai 435
Microconocephalopsis yuwanensis 152
Mistshenkoana gracilis 270
Mitius minor 240
Modicogryllus consobrinus 238
Modicogryllus siamensis 239
Mogoplistidae 299
Mongolotettix japonicus 399
Myrmecophilidae 307
Myrmecophilus albicinctus 310
Myrmecophilus daitoensis 435
Myrmecophilus formosanus 308
Myrmecophilus gigas 308
Myrmecophilus horii 308
Myrmecophilus ishikawai 308
Myrmecophilus kinomurai 308
Myrmecophilus kubotai 308
Myrmecophilus sapporensis 308
Myrmecophilus sp. 435
Myrmecophilus teranishii 308
Myrmecophilus tetramorii 309

【N】
Natula matsuurai 282
Natula pallidula 281
Natula pravdini 282
Neanias ogasawarensis 48
Neophisis iriomotensis 141
Neotachycines asoensis 67
Neotachycines bimaculatus 70
Neotachycines elegantipes 70
Neotachycines fascipes 67
Neotachycines furukawai 66
Neotachycines inadai 70
Neotachycines kanoi 70
Neotachycines kobayashii 69
Neotachycines minorui 68
Neotachycines mira 68
Neotachycines mosaic 69
Neotachycines obliquofasciatus 70
Neotachycines obscurus keramensis 68
Neotachycines obscurus obscurus 68
Neotachycines okinawajimana 435
Neotachycines pallidus 68

Neotachycines politus politus　70
Neotachycines politus tominagai　70
Neotachycines unicolor　70
Nippancistroger izuensis　49
Nippancistroger testaceus　**49**
Nipponomeconema musashiense　**142**
Nipponomeconema mutsuense　**143**
Nipponomeconema surugaense　**144**

【O】

Oecanthus euryelytra　**277**
Oecanthus indicus　**276**
Oecanthus longicauda　**274**
Oecanthus rufescens　276
Oecanthus similator　**275**
Oedaleus infernalis　**419**
Ogasawaracris gloriosus　396
Ognevia longipennis　**380**
Orchelimum kasumigauraense　**127**
Ornebius bimaculatus　**301**
Ornebius fuscicerci　**303**
Ornebius infuscatus　434
Ornebius kanetataki　**300**
Ornebius longipennis longipennis　302
Ornebius longipennis ryukyuensis　**302**
Ornebius sp.　435
Oxya chinensis　**388**
Oxya hyla intricata　**387**
Oxya japonica　**389**
Oxya ninpoensis　391
Oxya occidentalis　391
Oxya ogasawarensis　391
Oxya podisma　**392**
Oxya rikuchuensis　391
Oxya sinuosa　**388**
Oxya yezoensis　**390**, 391

【P】

Palaeoagraecia ascenda　109
Palaeoagraecia lutea　**109**
Palaeoagraecia philippina　109
Parapentacentrus formosanus　434
Parapodisma awagatakensis　**374**
Parapodisma caelestis　**371**
Parapodisma etsukoana　**373**
Parapodisma hiurai　**367**
Parapodisma hyonosenensis hyonosenensis　**365**
Parapodisma hyonosenensis kibi　365
Parapodisma mikado　**362**
Parapodisma niihamensis　**366**
Parapodisma setouchiensis　**363**

Parapodisma subastris　**369**
Parapodisma tanbaensis　**364**
Parapodisma tanzawaensis　**372**
Parapodisma tenryuensis　**370**
Parapodisma yasumatsui　**368**
Parapteronemobius senkakuensis　435
Parapteronemobius yanbarensis　435
Parasongella japonica　**230**
Paratachycines isensis　**72**
Paratachycines ishikawai　74
Paratachycines kyushuensis　74
Paratachycines masaakii　72
Paratachycines maximus　72
Paratachycines ogawai　74
Paratachycines parvus　72
Paratachycines sadoensis　72
Paratachycines saitamaensis　72
Paratachycines satsumensis　74
Paratachycines sp.　**73**
Paratachycines tsukubaensis　72
Paratachycines ussuriensis　**71**
Paratettix spicuvertex　**329**
Paratlanticus tsushimensis　**101**
Patanga japonica　**385**
Patanga succincta　**386**
Paterdecolyus genetrix　**41**
Paterdecolyus murayamai　**40**
Paterdecolyus yanbarensis　**39**
Patiscus nagatomii　**272**
Phaneroptera falcata　**200**
Phaneroptera furcifera　434
Phaneroptera gracilis　**203**
Phaneroptera nigroantennata　**201**
Phaneroptera okinawensis　**204**
Phaneroptera trigonia　**202**
Phaneropteridae　**199**
Phaulula daitoensis　**211**
Phaulula macilenta　**212**
Phlugiolopsis yaeyamansis　**152**
Phonarellus ritsemai　**228**
Phryganogryllacris subrectis　433
Platygavialidium formosanum　**323**
Podisma kanoi　**358**
Podisma sapporensis　**357**
Podisma sapporensis kurilensis　435
Podisma tyatiensis　435
Podismopsis genicularibus　**400**
Podismopsis konakovi　435
Polionemobius flavoantennalis　**295**
Polionemobius mikado　**294**
Polionemobius taprobanensis　**295**

447

Prosopogryllacris gigas 45
Prosopogryllacris japonica 43
Prosopogryllacris okadai 44
Prosopogryllacris rotundimacula 45
Prumna hayachinensis 381
Pseudophyllidae 195
Pseudorhynchus japonicus 110
Psyrana amamiensis 216
Psyrana japonica 215
Psyrana ryukyuensis 217
Psyrana yaeyamaensis iriomoteana 219
Psyrana yaeyamaensis terminalis 218
Psyrana yaeyamaensis yaeyamaensis 218
Pteronemobius gorochovi 290
Pteronemobius indicus 291
Pteronemobius nigrescens 291
Pteronemobius ohmachii 290
Pteronemobius sulfurariae 292
Pteronemobius yezoensis 289
Pyrgocorypha shirakii 433
Pyrgocorypha subulata 111
Pyrgomorphidae 344

【R】
Rhaphidophora taiwana 51
Rhaphidophoridae 50
Ruidocollaris truncatolobata 222
Ruspolia dubia 113
Ruspolia lineosa 112
Ruspolia sp. 114

【S】
Schmidtiacris schmidti 403
Sciotettix sakishimensis 331
Sciotettix yonaguniensis 331
Sclerogryllus coriaceus 255
Sclerogryllus punctatus 255
Shikokuconocephalopsis ishizuchiensis 155
Shikokuconocephalopsis onigajyoensis 156
Shikokuconocephalopsis shimantoensis 156
Shirakiacris shirakii 395
Shirakisotima japonica 209
Sinopodisma aurata 376
Sinopodisma punctata 375
Stenobothrus fumatus 401
Stenocatantops mistschenkoi 349
Stethophyma magister 414
Svistella bifasciata 283
Svistella henryi 283
Systolederus japonicus 321

【T】
Taiwanemobius ryukyuensis 288
Teleogryllus boninensis 235
Teleogryllus commodus 234
Teleogryllus emma 234
Teleogryllus infernalis 233
Teleogryllus occipitalis 236
Teleogryllus oceanicus 434
Tetrigidae 319
Tetrix akagiensis 336
Tetrix bipunctata 434
Tetrix chichibuensis 335
Tetrix gifuensis 336
Tetrix japonica 338
Tetrix kantoensis 335
Tetrix macilenta 339
Tetrix minor 339
Tetrix nikkoensis 335
Tetrix sadoensis 335
Tetrix silvicultrix 334
Tetrix sp. 338
Tetrix wadai 337
Tettigonia ibuki 93
Tettigonia orientalis 91, 92
Tettigonia tsushimensis 94, 95
Tettigonia ussuriana 93
Tettigonia yama 93
Tettigoniidae 87
Tettigoniinae 87
Tettigoniopsis ashizuriensis 171
Tettigoniopsis daisenensis 185
Tettigoniopsis ehikonoyama 166
Tettigoniopsis ehimensis 169
Tettigoniopsis forcipicercus 164
Tettigoniopsis hikosana 165
Tettigoniopsis hiurai 172
Tettigoniopsis ikezakii 167
Tettigoniopsis iyoensis 183
Tettigoniopsis kongozanensis awajiensis 176
Tettigoniopsis kongozanensis kongozanensis 175
Tettigoniopsis kongozanensis seppikoensis 175
Tettigoniopsis kunisakiensis 170
Tettigoniopsis kurodakensis 174
Tettigoniopsis kurosawai 168
Tettigoniopsis miyamotoi kotsusana 178
Tettigoniopsis miyamotoi miyamotoi 177
Tettigoniopsis nyotaiensis 179
Tettigoniopsis ryomai 184
Tettigoniopsis sanukiensis 181
Tettigoniopsis tosaensis 182

Tettigoniopsis tsurugisanensis 180
Tettigoniopsis uwaensis 173
Thetella elegans 287
Togona unicolor 196
Tonkinacris ruficerus 377
Tonkinacris yaeyamaensis 378
Traulia ishigakiensis iriomotensis 353
Traulia ishigakiensis ishigakiensis 352
Traulia ishigakiensis yonaguniensis 354
Traulia ornata 355
Traulia ornata amamiensis 350
Traulia ornata okinawaensis 351
Tridactylidae 313
Trigonidiidae 279
Trigonidium chamadara 284
Trigonidium cicindeloides 285
Trigonidium japonicum 285
Trigonidium ogasawarense 284
Trigonidium pallipes 284
Trigonidium yanbarensis 435
Trilophidia annulata 421
Trilophidia japonica 421
Truljalia hibinonis 267
Tubarama iriomotejimana 306

Tubarama yaeyamensis 435

【V】
Valanga excavata 435
Velarifictorus aspersus 249
Velarifictorus grylloides 251
Velarifictorus micado 250
Velarifictorus ornatus 252
Velarifictorus politus 253
Vescelia pieli ryukyuensis 266

【X】
Xenogryllus marmoratus marmoratus 265
Xenogryllus marmoratus unipartitus 265
Xestophrys javanicus 115
Xestophrys platynotus 116
Xiphidiopsis subpunctata 146
Xya apicicornis 317
Xya japonica 314
Xya nitobei 315
Xya riparia 316

【Z】
Zubovskya parvula 356

村井　貴史（むらい　たかし）
　1967年　大阪市に生まれる
　　　　　京都大学大学院農学研究科修了　農学博士
　現　在　水族館に勤務

伊藤ふくお（いとう　ふくお）
　1947年　四日市市に生まれる
　現　在　昆虫生態写真家

バッタ・コオロギ・キリギリス生態図鑑
A Field Guide to the Orthoptera of Japan

発　行　2011年8月10日　第1刷
■
監　修　日本直翅類学会
著　者　村井貴史・伊藤ふくお
発行者　吉田　克己
発行所　北海道大学出版会
　　　　札幌市北区北9西8北大構内　Tel. 011-747-2308・Fax. 011-736-8605
　　　　http://www.hup.gr.jp
印　刷　株式会社アイワード
製　本　株式会社アイワード
装　幀　須田　照生

Ⓒ Takashi Murai and Fukuo Ito, 2011　　　　　　　　　　　　　Printed in Japan

ISBN978-4-8329-1394-3

バッタ・コオロギ・キリギリス大図鑑	日本直翅類学会編	A4・728頁 価格50000円
原色日本トンボ幼虫・成虫大図鑑	杉村光俊他著	A4・956頁 価格60000円
日本産トンボ目幼虫検索図説	石田　勝義著	B5・464頁 価格13000円
ウスバキチョウ	渡辺　康之著	A4・188頁 価格15000円
ギフチョウ	渡辺康之編著	A4・280頁 価格20000円
エゾシロチョウ	朝比奈英三著	A5・48頁 価格1400円
蝶の自然史 —行動と生態の進化学—	大崎直太編著	A5・286頁 価格3000円
アシナガバチ一億年のドラマ —カリバチの社会はいかに進化したか—	山根　爽一著	四六・316頁 価格2800円
スズメバチはなぜ刺すか	松浦　誠著	四六・312頁 価格2500円
スズメバチを食べる —昆虫食文化を訪ねて—	松浦　誠著	四六・356頁 価格2600円
虫たちの越冬戦略 —昆虫はどうやって寒さに耐えるか—	朝比奈英三著	四六・198頁 価格1800円
札幌の昆虫	木野田君公著	四六・416頁 価格2400円
新北海道の花	梅沢　俊著	四六・464頁 価格2800円
新版　北海道の樹	辻井　達一 梅沢　俊著 佐藤　孝夫	四六・320頁 価格2400円
北海道の湿原と植物	辻井達一 橘ヒサ子 編著	四六・266頁 価格2800円
北海道の石	戸苅　賢二 土屋　篁 著	四六・176頁 価格2800円

————北海道大学出版会————

価格は税別